作者：尤瓦尔·赫拉利

历史学家、哲学家，国际畅销书作家。牛津大学历史学博士，现任教于耶路撒冷希伯来大学的历史系，并担任剑桥大学生存风险研究中心特聘研究员。他目前的研究集中在宏观历史问题上，如：智人和其他动物之间的本质区别是什么？随着历史的发展，人们变得更快乐了吗？其从宏观角度切入的研究往往得出颇具新意而又耐人寻味的观点。著有作品《人类简史》《未来简史》《今日简史》等。他的书在全球畅销4500万册，其中《人类简史》在全球销量逾2500万册，被翻译成65种语言，荣获第十届文津图书奖，入选英国《卫报》评出的"21世纪最好的100本书"。童书"势不可挡的人类"系列英文版在美国出版后迅速登上《纽约时报》畅销书榜单，并被列入《纽约时报》2022年最佳童书书单。

插画师：里卡德·萨普拉纳·鲁伊斯

西班牙插画家，曾长期为迪士尼和乐高等品牌绘制儿童类图书和杂志。他还在影视动画领域工作过。自2014年以来，他一直在为西班牙兰登书屋公司绘制书籍插图。

译者：闫欣

北京大学元培学院物理学本科、考古文博学院考古学硕士，以色列魏茨曼科学研究所考古学博士。现为国家文物局考古研究中心馆员。主要研究领域为碳十四年代学、微观考古学。曾参与中华文明探源工程、欧洲研究理事会（ERC）内盖夫－拜占庭生物考古项目等，承担田野发掘、碳十四测年样品处理与数据分析等工作。译作有《微观考古学》等。

势不可挡的人类

不公平是如何产生的

[以色列] 尤瓦尔·赫拉利 著

[西] 里卡德·萨普拉纳·鲁伊斯 绘

闫 欣 译

童趣出版有限公司编译　　人民邮电出版社出版

北　京

图书在版编目（CIP）数据

势不可挡的人类. 不公平是如何产生的 ／（以）尤瓦尔·赫拉利著；（西）里卡德·萨普拉纳·鲁伊斯绘；童趣出版有限公司编译；闫欣译. -- 北京：人民邮电出版社，2024.6

ISBN 978-7-115-64299-8

Ⅰ. ①势… Ⅱ. ①尤… ②里… ③童… ④闫… Ⅲ. ①人类学—少儿读物 Ⅳ. ① Q98-49

中国国家版本馆 CIP 数据核字（2024）第 083060 号

著作权合同登记号 图字：01-2024-0995

审图号：GS京（2024）0580号
本书插图系原文插图。

Author: Yuval Noah Harari
Illustrator: Ricard Zaplana Ruiz

C.H.Beck & dtv:
Editors: Susanne Stark, Sebastian Ullrich

Sapienship Storytelling:
Production and management: Itzik Yahav
Management and editing: Naama Avital
Marketing and PR: Naama Wartenburg
Editing and project management: Ariel Retik, Nina Zivy, Guangyu Chen
Research assistants: Jason Parry, Jim Clarke, Zichan Wang, Corinne de Lacroix, Dor Shilton
Copy-editing: Adriana Hunter
Design: Hanna Shapiro

Diversity consulting: Slava Greenberg
关于Sapienship公司的详情，请到该公司官网查询。

Cover design: Hanna Shapiro
Cover illustration: Ricard Zaplana Ruiz

Unstoppable Us: Why the World Isn't Fair (volume 2)
Copyright © 2023 Yuval Noah Harari. ALL RIGHTS RESERVED.

Children's Fun Publishing Co. Limited, 2023, No.11, Chengshousi Road, Fengtai District, Beijing 100164, P.R. China, www.childrenfun.com.cn
All rights reserved, including the right of total or partial reproduction in any form.

著	：[以色列]尤瓦尔·赫拉利	绘	：[西]里卡德·萨普拉纳·鲁伊斯
翻　译	：闫　欣	责任编辑	：史　妍　王宇絜　魏　允
责任印制	：李晓敏	封面设计	：韩木华

编　译：童趣出版有限公司
出　版：人民邮电出版社
地　址：北京市丰台区成寿寺路 11 号邮电出版大厦（100164）
网　址：www.childrenfun.com.cn

读者热线：010-81054177
经销电话：010-81054120

印　刷：天津海顺印业包装有限公司
开　本：787×1092　1/16
印　张：10.5
字　数：230 千字
版　次：2024 年 6 月第 1 版　2024 年 10 月第 4 次印刷
书　号：ISBN 978-7-115-64299-8
定　价：108.00 元

致所有生命——那些逝去的，那些活着的，还有那些即将到来的。我们的祖先创造了这个世界，而我们可以决定如何改变这个世界。

——尤瓦尔·赫拉利

约 1 万年前 ——
小麦、水稻和马铃薯被驯化，
羊、猪、牛和猫被驯化。

约 1.3 万年前 ——
发生了已知最早的战争。

约 8000 年前 ——
出现了已知最早的奶酪
和最早的灌溉渠。

约 2 万年前 ——
中东地区开始有人以
谷物为食。

约 5500 年前 ——
出现了最早的城市。

约 2.5 万年前 ——
野狼被驯化为狗。

约4300年前——
青史留名的第一位诗人恩·赫杜·安娜和第一位理发师伊鲁姆·帕利利斯。

约4500年前——
苏美尔人建造了最早的学校。

约4000年前——
古埃及人开凿连接尼罗河与鳄鱼城的大运河。

约5000年前——
古埃及统一,第一位法老出现。

约3300年前——
有记载的第一场流行病出现。

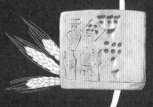

约5400年前——
苏美尔人发明文字系统。

历史时间线

"这不公平！"

这句话你听到过多少次？或者自己说过多少次？也许有很多次吧。

有些人非常富有：他们住在带有游泳池的城堡里，出门坐私人飞机，并且从不洗碗，也不打扫自己的房间，因为会有仆人为他们做这些事情。另一些人非常贫穷：他们住在连厕所都没有的小破屋里，冒雨等公交车，还要去给别人洗盘子。

有些人有权有势：他们制定规则，发表很多重要讲话，规定其他人如何做事。另一些人则无权无势：他们不得不遵守规则，在聆听领导讲话后鼓掌，还得按照别人说的去做。这公平吗？

孩子经常会被问到："你长大后想成为什么样的人？"但是全球还有很多国家，那里的孩子并没有真正的选择权。你也许想长大后成为总统，但是如果你生在一个穷人家里，那你离总统府最近的距离，可能就是在总统府的门口扫大街。

这世界向来如此？难道人类自古以来就被分为富人和穷人、主人和仆人？

有人说这就是世界的天然秩序。不论在哪里，都是强者制定规则，弱者遵守规则。在有关过去的电影和游戏里，也总是国王和公主住

在巨大的城堡里，统治着广阔的王国，向数百万国民发号施令。

然而，这世上原本没有国王和王国，尤其是坐拥上百万国民的王国。直到大约 1 万年前，人类还是以小型部落的形式生活，一个部落也不会超过几千人。

当然，即使在那时，周围也经常有人想成为首领，告诉每个人应该做什么。但即使是最大的首领，他手中的权力也不会太大。那时也没有足够的人来建造巨大的城堡和控制庞大的王国。如果一个首领变得过于专横、令人厌烦，人们通常可以离开，留下他独自耀武扬威。

但是 1 万年前发生了一些非常奇怪的事情，改变了这一切。发生的这些事情，逐渐剥夺了数百万人的权力，并允许少数有野心的人统治其他所有人。

1 万年前究竟发生了什么？它们如何使得一部分人可以统治其他人？为什么数百万人会愿意服从少数的领袖？国王和王国又是从何而来的呢？

这些问题的答案，将是一个你闻所未闻的奇异故事。

而且，这是一个真实的故事。

目录

1

一切
尽在掌控之中

别指使我做事

我们的故事开始于大约 1 万年前的中东地区。那里的人们和当时世界各地所有的人一样，都是狩猎采集者。他们捕猎野生的羊、瞪羚、兔子和鸭子，采集野生的小麦、洋葱、小扁豆和无花果，还沿着海岸线或是在湖泊和河流里捕鱼、捉螃蟹、找牡蛎。

那时的人类已经是世界上最强大的动物了，但是他们并没有尝试去掌控其他生物。他们采集植物，但是不会告诉植物该去哪里生长；他们捕猎动物，但也不会告诉动物该去何方。

他们的生活并不总是美好的。周边仍然有一些像蛇一样危险的生物，也有各种自然灾害，如暴风雪和热浪等。他们有时也会与邻居发生争吵——自古以来，人与人之间都时不时剑拔弩张。

不过，在大部分时间里，大多数人都有足够的食物，还有许多空闲时间讲鬼故事，在营地里打盹儿，或是去邻居家一起庆祝节日。那个时候很少有战争，很少有瘟疫，也很少发生饥荒。

如果瞪羚迁徙去其他地方，或者附近没有成熟的无花果可以吃了，他们只需要将营地搬到另一个有瞪羚或无花果的地方。

改变世界的植物

　　但是在一些特殊的地区，食物非常充足，人们几乎不需要搬迁，可以一年到头都待在同一个地方。这些特殊的地区长满了独特的植物。它们不是什么巨大的或者美丽的植物，却开启了我们整个故事，并改变了整个世界。这些植物就是谷物。

　　你可能每天都会吃到谷物。小麦、大麦、稻米、玉米和小米都是谷物，面包、饼干、蛋糕、意大利面和面条儿都是由谷物制成的，早餐麦片也是由谷物制成的——看名字也不难猜到！但是直到大约1万年前，人类还很少食用谷物。

　　那个时候，谷物并不是很常见。例如，在现今美国、中国和澳大利亚所在的地区还没有小麦，只有在中东的一些地区才能看到小麦。而在这些地区也还没有整片的麦田，只有几株小麦长在一个山头，另外几株长在另一个山头。因此，即使在中东地区，大部分采集者部落也几乎不会花费精力采集小麦，不过也有例外。

　　我们并不知道人类是从何时何地起，对谷物产生兴趣，但是我们可以试着想象一下：也许有一天，一个女孩正跟随自己部落的人到处游荡，寻找各种动植物，途中遇到另一个部落的女孩，她所在部落的人大部分时候都待在同一个地方，还采集了很多小麦。

　　"你好！"第一个女孩说，"我叫游游，因为我喜欢到处游荡！你叫什么名字呀？"

　　"他们叫我麦麦，因为我太喜欢小麦了！"

　　"小麦？嗽，我可懒得捡那玩意儿。你忙活一整天，可能也不够自己吃的。即使你采集了足够多的麦粒，也无法好好享用，因为那些麦粒太硬了。

有一次我采集了很多麦粒，但是吃它
们时居然被崩坏了一颗牙，还嚼得头疼，胃也疼了3天！"

　　"那是因为你的做法不对！"麦麦叫道，"你不能直接吃小麦
的麦粒！你应该先把它们带回营地，去掉硬硬的外壳，把里面的部
分磨成面粉，再将面粉和水混合，摊在一块平的石头上，用火烤一
会儿，这样你就能吃到香甜的面包了。用这种方法，你既不会崩坏
牙齿，也不会头疼，更不会胃疼！"

　　"这也太费劲了！"游游气喘吁吁地说，"我还是继续摘无花
果和捕鱼吧。"

　　"嗯，做法确实是有些难。"麦麦同意道，"但是跟无花果和
鱼相比，小麦还有一个很大的优势。"

　　"那你说，那些干巴巴的小东西有啥优势？"

　　"新鲜的无花果和鱼存放不了多久，很快就会腐烂，除非你把
无花果晒成果干，把鱼熏成鱼干。你吃过放了3天的鱼吗？"

　　"呃，那太恶心了！"

　　"是吧？但是麦粒就完全不同了。你可以把它们存放好几个月，
一点儿问题都没有！在收获的季节，我们部落的人会尽可能多采集
一些麦粒，然后存放在我们的营地里。在其他时候，我们也会像你
们一样打猎和采集很多其他食物。我们也许会摘无花果，甚至可能
会捕到一只瞪羚，但是有时候根本摘不到果子，也捕不到猎物。"

　　"遇到这种情况，你们就会搬去另一个山谷,对吗？"

　　"不！我们会回到营地，取出之前存放的一些
麦粒，把麦粒磨了，烤面包或者煮粥！如果在收
获季节采集了足够多的麦粒，我们就可以一整
年都待在同一个营地！"

一个脑袋戴五顶帽子？

　　这就是 1 万年前吃谷物的人如何在中东地区开始定居生活的故事。如果人们储存了足够多的谷粒，就不需要经常搬家了。经年累月，搬家实际上变得越来越困难，因为人们在村庄里积攒了各种各样的东西。大多数采集者的财物是很少的，因此他们决定搬家时，抬腿就可以走了。但是对吃谷物的人来说就没那么容易了。

　　"游游，我问你，你睡在哪里？"麦麦也许会这么问。

　　游游解释说："这个你是知道的，当搭建一个新的营地时，我们会收集芦苇和树枝，然后用它们搭一个小屋。差不多 1 小时就可以完工。"

　　"哈哈！我们拥有的可不再是简单的营地了，"麦麦骄傲地说，"我们有村庄了！那里有房子！我们收集石头，砍下树干，制作泥砖，盖了一个个像样的房子。我们一整年都住在里面。你懂的，我们所有的努力都是值得的，尤其是暴风雨来临的时候。"

　　"啊，我讨厌暴风雨！"游游说，"有时候我们能找到山洞进去躲避，但是大多数时候我们只能抱团挤在树下，

浑身冰冷湿透，等着暴风雨过去。"

"哈哈！我才不怕暴风雨。暴风雨来临时，我只需要蜷缩在我温暖的床上，听着雨敲打屋顶和狂风拍打门的声音。"

"哇！我想要一个那样的房子。但是，当你们想搬去另一个地方，该怎么办呢？你们怎么搬走你们的房子呢？"

"我们不搬。我们为什么还想搬走呢？我们费这么大劲才盖好的房子。啊！我们还有麦粒！如果要搬走，我们就没办法带走我们储存的那些麦粒了，不是吗？"

"我想是的，"游游同意道，"带着仅装有刀和针的小皮包搬家，对我来说已经很困难了。"

"你只有刀和针吗？我们的工具可太多了，有用来收割谷物的燧石镰刀，有用来研磨谷粒的研钵和杵，甚至还有用来烹煮或烧烤食物的炉子。如果搬家，我们就不得不放弃这些东西。"

"你们的东西可真多！"

麦麦答道："是呀，还有呢，比这多得多！我们还囤各种其他东西。比如，昨天我发现了这块亮闪闪的石头，我觉得很好看，就把它带回家了。有一天，我们部落猎到一只鹿，他的角特别大，

于是我们把他的角挂在了墙上。这看上去棒极了！我们的衣服和帽子全部都可以挂在这个角上面！"

"听起来你有不止一顶帽子？"

"当然。我有一顶旧的狐牙帽、一顶新的狼尾帽、一顶熊皮帽，还有两顶漂亮的花草帽！"

"但是你只有一个脑袋呀！为什么需要这么多顶帽子？"

有时候，麦麦和她的族人看着自己拥有的一切，感到心满意足。但有时候他们又不那么确定。"你们知道吗？"部落里有个喜欢抱怨的家伙说，"我不再喜欢这个村庄了。它又挤又脏，而且很吵！人还非常多。我受够了吃面包和喝粥的日子。一天天地喝粥！我想吃无花果，想吃瞪羚肉排。说出来你们可能都不信！昨天晚上有人拉肚子，居然就在我屋后解手！我受够了！咱们搬去别的地方住吧。"

"你说的我们都懂。"众人点头同意道，"但我们这么多东西怎么办？我们存的那些麦粒怎么办？我们可是费了很大的力气才攒了这么多！如果有一天我们找不到无花果，也捕猎不到瞪羚，该怎么办？算了，我们还是继续留在这里吧。"

一个能让人偷懒的主意

麦粒非常小，每次麦麦和其他村民采集了麦粒带回村庄时，总有一些会在途中掉落、丢失。如果你丢了东西，比如手机，你会感到懊恼吗？也许会吧，你可能会花几个小时去找它。但是，当我们的祖先丢失了几颗麦粒，他们几乎注意不到，自然也不会花费精力去寻找它们。他们并不觉得几颗麦粒有什么重要的。

但事实上，这非常重要。

如果你把手机丢在路上，它不会长成一棵手机树；但是如果人们把麦粒丢在路上，麦粒就会长成新的小麦植株。这就是为什么在人们走过的小路上和活动的区域里，开始长出越来越多的小麦。

这个现象最终促使一些人有了新点子。他们也喜欢自己的仓库里堆满粮食，但是又没那么喜欢从山顶上采集麦粒，再把它们带回村庄里。这比在河里捞鱼和爬树摸鸟蛋要困难且无聊得多。此外，在有些干旱的年份，小麦几乎不生长。他们就开始想办法让自己的生活轻松一些——如何不用太努力工作也可以收获很多麦粒。

也许就是这个时候，有人——可能是村里最懒的那个人，想出了一个绝妙的主意。他说："等等，为什么我们要爬上一个又一个山坡，从各个地方一点点地采集麦粒？如果我们能告诉小麦在哪里生长，采集麦粒的工作就容易得多了。你们难道没注意到，在我们走过的路边，生长的小麦越来越多了吗？"

"没错儿，"其他人答道，"那是因为你是个大懒虫，当你的麦粒掉到地上，你并没有弯腰捡它们！"

"但这并不是一件坏事！"懒人争辩说，"小麦都生长在我们平时走过的路边，这难道不是使我们的生活变得轻松了吗？我们不用出去寻找它们了！我一直在想，我们是不是可以想办法让小麦就长在村庄附近呢？"

"怎么做呢？"

"小麦是由麦粒生长出来的，对吧？所以，也许，嗯——我斗胆提议，也许我们不用偶然地在路上掉一些麦粒，而是要刻意地在村庄附近撒一些麦粒。每颗麦粒都会长出 1 株小麦，每株小麦都会结出 10 颗麦粒，这样我们就会收获 10 倍的麦粒。最关键的是，它们就生长在村庄附近，而不是远处的山上！"

"这真是个馊主意！"一个真的很喜欢吃谷物的人叫喊着说，"把食物扔在地上不吃？简直闻所未闻！"

"我们并不是把麦粒扔掉不要，"懒人耐心地解释道，"我们这是投资。今天我们撒在地上的麦粒，来年能使我们收获更多的麦粒。"

"这是行不通的，"一个睿智的老奶奶回答说，"村庄附近都是树林，长着高大的乔木和矮小的灌木，它们会遮挡小麦的阳光。而且树的根系十分发达，会从土壤里吸收水分和养分。小麦在森林里很难生长，你没考虑这个吧，懒虫！总之，如果我们把麦粒撒在树林里，就不会有太多小麦长出来。"

"等一下，"村里最滑头的一个人突然打断道，"为什么我们不先把树都烧了，再往地上撒麦粒呢？这样小麦就没有竞争对手了。过几个月，我们就不用走那么远去采集，也能收获很多麦粒了！"

就这样，一个新点子诞生了。这意味着人类要告诉小麦去哪里生长，还要告诉树不要在哪里生长。也就是说，人类正尝试掌控其他生物。

有的人不太高兴，认为这是个坏主意，说道："人不应该告诉其他生物如何生活。小麦没有指使我们该做什么，那我们为什么要尝试掌控小麦？"不过也有些人喜欢这个想法。"为什么不呢？"他们说，"显然，我们不会告诉那些高大的鹿和勇猛的狮子应该做什么。不过小麦嘛，它不过是种又小又蠢的植物。我们人类要比小麦聪明得多。"

村民争论不休，无法决定该怎么做。

有一种不祥的预感

也许村民一致认为应该征求一下精灵的意见。在那个时候，人们相信世界上有各种各样的精灵。他们认为精灵有的住在洞穴里，有的住在天上，有的住在树上，还有的住在小麦这种矮小的植物里。在做重大决定之前，与这些精灵沟通一下总是好的。这也解释了为什么村庄里最重要的人物是精灵专家。每个人都相信，精灵专家可以和精灵对话，向他们提问，并且能听懂他们的回答。

精灵专家走进一个神圣的洞穴深处，在那里待了七天七夜，不吃不喝，征求精灵的意见。最后精灵专家终于走了出来，并宣布："小麦精灵过来告诉我，不要这么做。你们想烧毁树林，还想告诉其他生物该做什么？这真是耸人听闻！"于是村民舍弃了这个想法。

　　但是过了更长的时间——也许是 99 年后，村里再次有人提出了这个方案。也许因为食物不够吃了；或者他们想举行一个盛大的宴会，需要为客人准备很多食物。他们又开始争论不休，直到他们的精灵专家走进洞穴。这次奇迹出现了，精灵专家出来后说："小麦精灵来找我说，聪明的人类想帮助可怜的小麦，这是一个很棒的主意。小麦一点儿都不介意。小麦其实非常乐意得到我们的帮助。"

　　也许精灵专家真的以为自己见到了小麦精灵，并听到了小麦精灵说的那一番话；也许他只是太饿了，出现了幻觉；又或许他什么都没有听到，只是他自己觉得这主意不错。无论如何，人们得到了答复。于是他们烧毁了村庄附近的一片树林，开始往地上撒麦粒。

　　这个方法奏效了。没过几个月，在村庄附近开始有麦苗长出来。现在，几乎所有人都认同这是一个好主意。除了一个老奶奶，她还是认为人类不应该告诉小麦去哪里生长。她还说："我有一种不祥的预感。我认为我们会后悔的。"

　　但是没有人听她的。

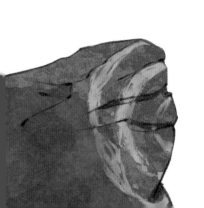

一个小问题

　　村民对种植小麦的方法很满意，这一新发明甚至被传到了其他村庄。但是过了一段时间——可能是 199 年后，村里有人开始犯懒，有人开始抱怨。"有个问题，"他们说，"把麦粒撒在地上，这样做效率太低了！大部分麦粒都不会发芽，因为它们会被麻雀、松鼠和蚂蚁吃掉，或者被烈日晒死。我们这么辛苦只是为了喂松鼠吗？"

　　于是，所有人聚在一起，又想出了一个新点子。"显然我们有足够的智慧，可以向这些可怜的小麦提供更多的帮助。我们不要把麦粒直接撒在地上，而是在地上挖一些浅坑，然后把麦粒埋进去。这样做的话，麻雀、松鼠和蚂蚁就不会发现这些麦粒，太阳也不会直接晒到它们。"

　　"这样效率就高多了！"人们开心地拍手。精灵专家注意到大部分村民都赞成这个方案，所以他也同意道："是的，我们人类需要加强对小麦的控制。精灵同意了这个观点。"每个人都很开心，因为他们即将收获更多的麦粒。

　　村民开始在地上挖坑，然后把麦粒埋进去。为了提高效率，

他们发明了一种特别的工具。他们将锋利的石头绑在一根又长又直的棍子的一端——他们造出了历史上第一把锄头！但是这样的锄头一旦撞到石头就容易损坏，所以人们在锄地之前要将地里的石块都捡出来。这项工作虽然很累人，但是似乎很有用。在人们捡出了所有的石块并挖好了所有的坑之后，埋下的小麦就受到了更好的保护，既不会被害虫偷吃，也不会被烈日暴晒。村庄附近的小麦收成更好了。这些新方法很快传播到了其他村庄，那里的人们也开始效仿。

开凿灌溉渠

后来——可能是又过了 999 年，又有人开始抱怨了。也许他们的村庄位于非常干旱的地区。"有个问题，"他们说，"我们

这么努力地捡石头、锄地和播种，但是仍然有很多种子不发芽！而这正是因为它们没有得到足够的水分。如果庄稼都渴死了，那我们之前的劳动还有什么意义？"

于是所有人都绞尽脑汁。最聪明的村民把头都挠秃了，精灵专家也找了她认识的所有精灵交流，都没找到解决这个问题的方法。后来，村里最懒的人说："好吧，我有个办法可以提高效率。如果挖好坑、播种了麦粒之后，给它们浇一点儿水，我们就会得到惊人的结果。我的意思是我们可以用皮囊从河里取水。"

人们有些吃惊，全村最懒的人在建议大家干更多的活儿！但是这听上去是个好主意，于是他们开始取水，并把水浇到麦田里。

这次只过了一年零三个月，所有人又开始生气地抱怨了："每天挑水实在是太累了！"最懒的那个人喊得最大声，他还叫道："这不是我的本意！这工作量太大了，我以后再也不乱出主意了！"

"嗯——"精灵专家小心翼翼地说道，"我可能有个主意，我们为什么不开凿一条灌溉渠呢？这样就可以让水流进我们的麦田里了！开凿一条灌溉渠可能需要付出很多劳动，但是一旦完成，我们就不需要从河里取水了！"

人们现在正试图掌控很多不同的事情：他们让小麦长在指定的地里，让树木和石块离开麦田，让麻雀和松鼠远离小麦，让水自己流进麦田里。事实上，他们做到了，村庄附近的小麦收成更好了。很快，干旱地区的其他村庄也都忙着开凿灌溉渠了。

只是有一个问题，这次是云朵的错。

云朵的问题

　　有些年份，村庄里人们的日子过得相当不错——到处都生长着小麦，人们有足够的食物。但是有些年份日子就不太好过。如果村庄里的一个女孩遇到一个游牧部落的女孩，游牧部落的女孩可能会给她讲很多闻所未闻的令人毛骨悚然的故事。

　　"你好呀，"游牧部落的女孩说，"人们叫我鸟鸟，因为我总是喜欢跑来跑去。你叫什么呀？"

　　"人们叫我麦麦，跟我的曾曾祖母同名。我住在村庄里。"

　　"村庄里的生活怎么样？"鸟鸟问道。

　　"不太好。今年我们种出来的小麦比往年都多！这本来是非常了不起的！但是2个月前，我注意到有一株小麦的茎秆上长了一个褐色的斑点。"

　　"一个褐色的斑点？"鸟鸟奇怪地问，"那应该不是什么大问题，对吧？"

　　"这个嘛，"麦麦回答，"我原本也这么认为。但是过了7天，很多小麦的茎秆上都长了这种褐斑。我把这个事情告诉了我的父母，他们也不知道该怎么办。又过了7天，整个麦田里到处都是这种褐斑！几乎所有的小麦都因为得褐斑病死了！现在我们没什么吃的了，所以我想来这里也许可以找到一些蘑菇和果子。我太饿了！"

"小麦得褐斑病的情况会经常发生吗？"

"不，"麦麦解释道，"今年是第一次。但是还有其他事情。比如，3年前，就在小麦即将成熟的季节，有一天早晨我被一阵非常奇怪的噪声吵醒。我从来没有听到过类似的声音！就像，就像……一种可怕的嗡嗡声！我走出房门，几乎看不到太阳——满天都是蝗虫，就像是一大片乌云！我们试着吓走他们，但是不管我们是叫喊还是拍手，他们仍然不断飞来。他们几乎吃掉了我们所有的小麦。真是糟糕的一年！"

"太可怕了！"鸟鸟倒抽了一口气。

"还好，这只发生过一次。至少我只见过一次。我爷爷说，这种事情大约每20年发生一次。不过爷爷喜欢讲恐怖故事，我也不知道应不应该相信他。然而，还有比褐斑病和蝗虫更可怕的，那就是云朵不来的时候。这时天就不会下雨，河流几乎干涸，灌溉渠里也没有了水。我们挑着水桶来来回回，试图给麦田浇水，但是结果并不好。几乎没有小麦能活下来，我们也没有东西可以吃。"

村民遇到了一个大问题：在年景好的时候，每个人都能吃得很饱；但是当病害、蝗虫或干旱来袭的时候，人们就要挨饿，而他们又不能像采集者那样直接搬到另一个山谷里去。

于是，他们去找精灵专家，询问他的意见。精灵专家走进自己的洞穴，一待就是 7 天，接着又过去 7 天，然后又是 7 天，最后他终于得到一个答案。当麦麦再次遇到鸟鸟时，她有一个重大消息要告诉鸟鸟……

众神的居所

"我们解决了！"麦麦得意扬扬地宣告。

"解决了什么？是褐斑病、蝗虫和降雨的问题吗？"

"没错儿！我们的精灵专家告诉了我们应该怎么做！"

"精灵专家？"鸟鸟问，"你是指那个能与动植物对话的人吗？我们部落也有一个！她最喜欢和豪猪聊天儿。"

"豪猪？图什么？我们的精灵专家经常与云朵、河流和小麦的精灵对话。对我们来说，这些精灵才是重要的！事实上，精灵专家让我们不要再把他们称作精灵——这很冒犯。我们现在称他们为神。精灵专家还让我们不要再叫他精灵专家——这是个愚蠢的名字。我们应该称他为祭司。有时候我会因为忘掉这一点而惹上麻烦。"

19

"祭司？我从来没听说过这个词儿。不过名字不重要，他的伟大主意是什么？"

"他说我们应该与那些云朵、河流和小麦的精灵……啊！不对，是神，应该与神建立一个契约。我们在村庄的中央，为他们建造一座宏伟的大房子，并称它为神庙。我们还需要每天为他们送去礼物，比如一块点心，或者一只鸭子之类的。作为回报，他们会保护我们的庄稼不受褐斑病和蝗虫的困扰，并保证降雨如期而至，让河里总是有充足的水。"

"于是你们照做了？"鸟鸟问，"这个工作听上去很辛苦呢。"

"是呀，可我们不怕辛苦，"麦麦自豪地回答，"我们害怕庄稼遭受褐斑病、蝗灾和旱灾等灾害。所以我们照做了！我们建了一座漂亮的神庙，并且每天送礼物过去。"

"有效果吗？"

"当然了！神保护我们！过去3年，云朵总是带着雨如期而至，而且蝗虫也没有来过！"

"那你这会儿在森林里做什么呢？"

"呃……其实……"麦麦犹豫了一番才说出实情，"小麦又患褐斑病了。"

"所以是那个自称祭司的家伙骗了你们？"

"不，不，不！不要那样讲！"麦麦紧张地叫道，"你会惹怒神的，这会使情况变得更糟糕！祭司向我们解释了一切，说我们去年有些懒惰了，没有送给神足够的礼物。我非常羞愧。这可能是我的错！有一天轮到我去给神送点心，但是在去神庙的路上，我从侧面咬了一小口。神一定是看到了这一幕，现在他们正因为我的错误而惩罚村庄里的所有人！我感觉糟糕透了。所以我来这

里找吃的，不想我的弟弟因为我的贪婪而挨饿！"

"我不相信这一套，麦麦。你确定祭司说的是真的吗？"

"确定！他说神会原谅我们。他甚至传达了一条新的信息：神喜欢我们努力工作的样子，他保证如果我们确实努力工作，就能一直有充足的食物。他还说，我们应该在好的年份加倍努力地工作，这样在不好的年份也会有足够的食物。"

"更努力地工作？"鸟鸟轻轻地翻了个白眼，并说道，"但是你们还能再做些什么呢？"

"祭司说，我们应该在村庄周围开辟更多的农田，开凿更多的灌溉渠。然后还要建一个专门用来储存粮食的大房子，也就是粮仓。我们打算把它建在神庙的旁边。在好的年份，我们会把多余的麦粒都存在粮仓里，这样在不好的年份我们就也有足够的粮食吃了。为了防止懒人在不必要的年份进粮仓取粮食吃，我们要把门锁起来，只有经过所有人的同意才能打开门。"

"听到这些，我都替你们感到累！好吧，我希望你们清楚自己在做什么。祝你们好运，麦麦！"

人们按照祭司的建议做了，然后起作用了——至少偶尔起作用。村民不得不比以往任何时候都更努力工作，但是他们确实也能更好地应对不好的年景了。

守夜人

　　人们对自己新建的粮仓非常满意，村庄的规模也扩大了，现在它看上去更像个镇子。但是你知道吗？过了一段时间——也许是 1099 年后，又有了新的问题。如今粮仓里储存的粮食已经很多了，附近部落和村庄的人开始潜入镇子来偷麦粒。如果一夜之间就可以偷到足够的食物，谁还愿意辛苦劳作好几个月呢？

　　镇子里所有的居民都聚集在神庙，他们讨论来讨论去，最终决定在镇子外围砌筑一圈围墙。现在人们白天在地里工作，利用空闲时间修围墙，晚上还要站岗执勤。

　　他们任命了镇上最勇敢的男人作为他们的战争首领，统领保卫工作。首领大部分时间不需要做很多工作：他四处闲逛，练习射箭，或者检查墙上有没有洞，然后指使别人去修补。但是如果有其他部落的人来偷他们的麦粒，镇上所有人都会因这个首领的存在而感到安心。因为他知道该怎么做，他也足够勇敢和强壮。

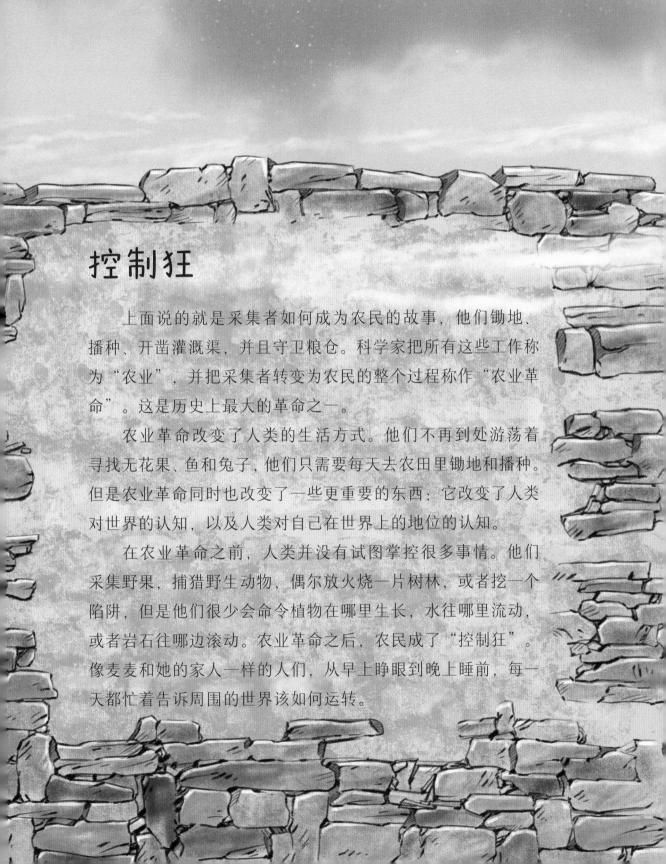

控制狂

上面说的就是采集者如何成为农民的故事，他们锄地、播种、开凿灌溉渠，并且守卫粮仓。科学家把所有这些工作称为"农业"，并把采集者转变为农民的整个过程称作"农业革命"。这是历史上最大的革命之一。

农业革命改变了人类的生活方式。他们不再到处游荡着寻找无花果、鱼和兔子，他们只需要每天去农田里锄地和播种。但是农业革命同时也改变了一些更重要的东西：它改变了人类对世界的认知，以及人类对自己在世界上的地位的认知。

在农业革命之前，人类并没有试图掌控很多事情。他们采集野果，捕猎野生动物，偶尔放火烧一片树林，或者挖一个陷阱，但是他们很少会命令植物在哪里生长，水往哪里流动，或者岩石往哪边滚动。农业革命之后，农民成了"控制狂"。像麦麦和她的家人一样的人们，从早上睁眼到晚上睡前，每一天都忙着告诉周围的世界该如何运转。

大角和咩咩

当你想要掌控越来越多的事物时，这种感觉就像是放火——刚开始时火势很小，然而在你还没反应过来发生了什么时，它就已经蔓延得到处都是了。农业革命的发端只是人类中的几个想要告诉小麦去哪里生长，但是最终农民开始掌控他们眼前的一切。

"如果我们能控制小麦在指定的地里生长，水往灌溉渠流淌，"这些农民想，"那么我们也许还可以控制羊、马和鸡如何生活？"

动物比小麦和水更难被掌控：野羊、野马和野鸡显然并不想服从人类！但是人们不断尝试，逐渐有一些动物开始听人类的命令了。

一个农民的儿子阿狼遇到一个采集者的儿子阿松时，阿狼可能会给阿松讲一些故事。也许阿松正在爬树摘坚果，这时他看到了自己有生以来见到的最奇怪的事情——阿狼手里拿着一根棍子，带领着一群绵羊向前走！

"什么情况？"阿松难以置信地睁大眼睛，并叫道，"这些绵羊真的在跟着你走吗？！"

"当然了，"阿狼说，"这些都是我们的绵羊。"

"你说的'我们的绵羊'是什么意思？他们怎么会属于你们？我们的部落有时候也会捕猎绵羊，但是他们很怕我们，他们从来不让我们靠近。事实上，我也有点儿害怕他们。"

"害怕绵羊？"阿狼笑着问。

"嗯，是的。"阿松回答，"有一只大公羊，他的羊角非常大，我们因此叫他'大角'。有一次他狠狠地撞了我爷爷一下，爷爷直到现在都还跛着脚。还有一只瘦小的小绵羊，她对我们非常好奇，总是在我们营地附近探头探脑的。但是如果有人试图靠近她，她就像一阵风一样跑掉。只有等绵羊老了或受伤了，我们才有机会抓到他们，但通常是熊和狼先得手！"

"我们的绵羊就完全不同。"阿狼解释说。

"我看到了！这些神奇的绵羊是从哪里来的？"

"这一切要从我奶奶那时候说起。"阿狼说，"当时有一些村民提出了一个了不起的想法，他们在村庄附近的峡谷中修了一道篱笆，把一群绵羊赶了进去，然后堵上了峡谷的另一端，把绵羊关在里面。熊和狼无法接近他们，但只要我们想吃肉了，随时都可以进去抓一只！"

"真是太聪明了，"阿松点头说道，"但是显然那些可怜的绵羊是想逃出来的，不是吗？如果我是一只绵羊，我可不愿意一辈子被关在峡谷里。我想自由地奔跑！"

"是的，我猜一开始他们确实是不太愿意的。我奶奶告诉我，有一只大公羊非常强壮粗暴，他显然不愿意被困在峡谷里。每当有人靠近，他就用大大的羊角顶上去。他甚至试图破坏篱笆，有一次差点儿把篱笆撞倒，把整个羊群放出来。"

"听起来像个绵羊英雄！"阿松敬佩地叫道。

"但这只大公羊对饥饿的村民来说就不是英雄了。村庄的首领把他宰了，村民享用了一顿大餐，还把他的头骨挂在神庙的墙上。这是我出生之前发生的事情，但是他的头骨至今仍然挂在神庙里，每次我去神庙都能看到。"

阿松看上去有些不适，只"哦"了一声。

"事实上，"阿狼补充道，"我奶奶还给我讲了一只非常聪明、爱冒险的绵羊的故事，这只绵羊一直试图爬上峡谷侧面的陡坡。在别的绵羊吃草的时候，她总是又跑又跳的，所以她是最瘦的一只绵羊。我奶奶很喜欢她。她总是发出'咩咩咩'这样的声音，人们便叫她'咩咩'。"

"咩咩后来怎么样了？"阿松问道。

"有一天她发现了一条小路，几乎快爬到坡顶了，然后她咩咩咩地呼唤其他绵羊，想要他们跟她一起去探索世界。"

"所以他们逃掉了吗？"

"没有，有人看到了这一切，并阻止了他们。首领已经受不了咩咩了。他说一只总是试图逃跑的绵羊，还没有多少肉吃，养她就是浪费草料。所以他把咩咩也宰了，村民又吃了一顿大餐，

把咩咩的头骨也挂在了神庙里。"

"不！可怜的咩咩！"阿松惊呼。

"是的，我也感到遗憾。但这是很久之前的事情了，那时我还没有出生。如今大多数绵羊都更容易被控制。我们只保留了那些不太惹麻烦的绵羊。你知道，当温顺的公羊和没有冒险精神的母羊生下小羊，那么这些小羊的性格一般情况下也会和父母一样，甚至更易于管理。这就是为什么我们现在可以偶尔把这些绵羊从峡谷里面放出来。"

"然后他们就会自己回来吗？"阿松惊奇地问。

"对，但也不完全是这样。他们仍然不喜欢被困在峡谷里。所以需要我呀，我就是管理他们的牧羊人，"阿狼高举着手里的木棍，非常自豪地说，"早上我打开门放这些绵羊出来，白天我就在旁边守着他们吃草，等到晚上我再把他们带回峡谷里，然后锁上门。如果有绵羊不愿意回来，我就追赶他，用我的棍子打他，直到他跟我走。"

500 亿只鸡

　　这就是野生绵羊变成家畜的故事。野生动物不喜欢被人类掌控，但是人类只圈养那些温顺的动物，这些动物又生下更温顺的后代。经过几代更替，即使是一个像阿狼这样的小男孩，也可以独自掌控整个绵羊群。

　　人类以几乎相同的方式掌控了山羊、奶牛、猪、马、驴、鸡、鸭，还有一些其他动物。以前，世界上从未发生过这样的事情：一种动物成功掌控另一种动物。鲨鱼不会掌控其他鱼，狮子不会牧养水牛，老鹰也不会把麻雀关在笼子里。

　　通过掌控羊和马等家畜，人类变得更强大了。羊、牛和鸡可以为人类提供肉、奶、蛋、羊毛、皮革和羽毛。牛、马和驴还可以提供畜力。人们不用总是步行，而是开始骑驴或坐马车到想去的地方。人们也不再需要亲自在地里松土，而是开始让牛耕地。牛的力量更大，一头牛一天可以完成约 20 个人一周的工作。

　　这些动物对人们来说非常重要，所以人们会努力喂养并保护他们。在人类的帮助下，家畜成为世界上数量最多的动物。如今，世界上有约 16 亿头奶牛，而野生的斑马只有约 50 万匹，也就是 3000 多头奶牛才对应 1 匹斑马！

　　如今，人类每年养超过 500 亿只鸡，而全世界只有不到 100 万只白鹳，也就是 5 万只鸡以上才对应 1 只白鹳。事实上，世界上有很多地区，鸡的数量超过了其他鸟类的总和。

比惨大赛冠军

　　如果用数量衡量动物的成功，那么在这场农业革命中，牛、羊、猪和鸡都取得了巨大的成功。但是数量并不是故事的全部。如果给有史以来的动物举办一场"比惨大赛"，那么牛、猪和鸡可能分别会获得金、银、铜牌。

　　野鸡能活约 10 年，野牛能活约 20 年。但是在农场里，鸡和牛在很小的时候就会被宰杀。鸡的平均寿命是一两个月，牛的平均宰杀年龄不到 3 岁。

　　为什么会这样？因为人类追求效率。如果小牛在 2 岁就长到了成年的体形，那为什么还要继续喂他？毕竟我们费那么多的草料和精力，他们也不会长更多肉，农民也知道这不划算，对吧？如果你是头小牛，难道不会对长大这件事充满担忧吗？毕竟当你长到和妈妈差不多高的时候，人类可是会把你宰了吃的。

　　农民只允许对人类有用的动物继续活着。所以能产奶的奶牛、能下蛋的母鸡、能耕地的公牛可以多活几年。但是他们为此付出的代价是辛苦的工作，过着完全不是他们想要的生活。

　　野生的公牛和母牛可以在开阔的大草原上自由地活动。但是驯养的公牛如果想继续活着，就必须每天耕地或拉车。农民有时会在牛鼻子上穿一个洞，系一根绳子，通过拉扯绳子控制公牛的行动。农民可能还会把牛角砍下来。公牛若有反抗的迹象，就会挨打。晚上，农民还会把公牛关进一个狭小的牛棚里，以防他们逃跑。

驯养的公牛就是这样度过一生的。不是在拼命拉着什么东西，就是被关在牛棚里。当他们累得耕不动地，或者屡次尝试逃跑时，就会被宰掉。

近年来，农场逐渐机械化，牛和其他家畜的工作越来越多地被机器取代。但是在仍使用牛耕地的地区，家畜还过着农业革命以来的生活。

乳品行业的阴暗面

乳品背后的故事尽显人类的阴暗。你有没有好奇过，为什么人类会喝牛和羊的奶？这确实有点儿奇怪，毕竟猫不会喝老鼠的奶，狼不会喝羚羊的奶，灰熊也不会喝麋鹿的奶。

起初，在大概几百万年的时间里，人类从不喝其他动物的奶。人类婴儿只喝母乳，直到四五岁断奶，之后就不再喝奶了。如果你建议我们的采集者祖先去喝野羊的奶，他们会认为这是他们听过的最奇怪与恶心的事情。

直到农业革命之后，人类才开始喝其他动物的奶。接下来是牧羊人阿狼可能对采集者阿松讲过的另一个故事。

阿松看到阿狼在挤羊奶，惊奇地问：“啊！你这是在做什么？”

"我在准备午饭，"阿狼回答，"你想尝尝吗？"

"什么，羊奶？太恶心了！"阿松叫道，恶心得几乎要吐出来。

"你知道吗？在过去，我们那里的村民也不喝羊奶。"

"为什么你们现在又改主意了？！"

"那时候我还没有出生，但是奶奶把这个故事告诉了我。有一年小麦又长了褐斑，所有的庄稼都死了，没有粥喂孩子了。一个女人建议他们给孩子喝羊奶。你也知道，孩子是能喝奶的。"

"但人类的孩子喝的是人奶，"阿松说，"不是羊奶！"

"是的，但是羊奶也是奶。无论如何，人们都急于拯救自己的孩子，他们愿意尝试一切办法。"

"后来呢？"阿松问。

"有些孩子不愿意喝羊奶，于是饿死了；有些孩子喝了羊奶，却得了严重的胃病，也病死了；还有一些孩子成功地消化了羊奶，活了下来。我妈妈就是其中一个幸运儿。当她长大后，生下我和几个妹妹，她经常给我们喝羊奶，我们都很喜欢。她甚至发明了以羊奶为原料的新产品——我们称之为奶酪和酸奶。我非常喜欢酸奶！"

就像野羊逐渐演化为温顺的羊，人类也逐渐变得喜欢乳品，但并不是所有人类都如此。即使是今天，仍有些人喝完羊奶或牛奶后胃疼得厉害。如果你喝牛奶感到胃疼，那可能说明你的祖先是采集者阿松，而不是牧羊人阿狼。

但是，当阿狼这样的牧羊人开始挤羊奶和牛奶时，他们就面临一个问题。动物产奶只有一个原因——为了喂养他们的幼崽。那么为了得到羊奶，牧羊人首先要让他们的母羊生下小羊，但是又不能让小羊把羊奶都喝光。

这个问题解决起来非常容易。大部分小羊一出生就被人类杀掉吃了，然后人类就去挤母羊的奶。当母羊不再产奶，他们就让一只公羊来交配，让她再次怀孕。

直到今天，这仍然是乳品行业采用的基本方法。在许多现代工业化的牧场，绵羊、山羊和奶牛几乎总是处于怀孕状态。这些母羊和母牛生下幼崽之后，很快就与幼崽分开。大多数幼崽被宰杀，他们的肉分别被做成牛排和羊肉串，而他们母亲的奶则被人类挤出来灌进奶瓶，或是做成奶酪和奶昔。经过大约 5 年不断地怀孕和挤奶，母羊和母牛也被榨干了，不再有饲养价值。于是母羊和母牛也被宰杀，她们的肉被做成汉堡包或香肠。

永远**最好的朋友**

　　大多数动物因为农业革命而受尽苦难，但还是有一小部分是比较幸运的。的确有一些因为肉和奶的价值被圈养的羊过着非常悲惨的生活，但也有一些因为羊毛的价值被饲养的羊，他们通常可以在山坡上和山谷里自由活动，还被人类小心地保护着，以免被狼群吃掉。他们只需要每年配合牧羊人剪一次羊毛就可以，而在其他时间，他们是自由的。这些幸运的羊也许会觉得农业革命是个奇迹。

　　大多数的马一生都在辛苦劳动，等他们干不动了，就被人类杀掉吃肉。但是有少数的马过着帝王般的生活，尤其是那些专属于皇帝的马！例如，罗马帝国时期，有一位皇帝叫卡利古拉，他

非常爱一匹名叫因西塔图斯的马。因西塔图斯住在专门为他修建的大房子里，有几个仆人为他准备一日三餐。他有一个象牙做的食槽，他的项圈上镶着各种宝石，甚至有专门为他量身定做的衣服。有传言说，卡利古拉想要任命因西塔图斯为执政官——罗马帝国的最高行政官。但是卡利古拉在实施这一计划之前就被刺杀了。

当然，猫和狗也比较幸运。猫可能是自愿加入人类生活的。当人类建好粮仓之后，里面的粮食吸引了老鼠和麻雀。于是猫过来捕食这些啮齿动物和鸟类，这让人类非常满意。所以他们允许猫留下，并与自己成为朋友。

狗加入人类生活可能更早一些，那时人类还是采集者，还没有想过要掌控动植物。事实上，那时的狗也还不是狗，他们是狼。在农业革命开始前的几千年，有一些狼注意到人类能够捕猎像猛犸象这样的大型动物，便开始跟着人类。当人类捕到猛犸象时，通常无法把所有的肉都带走，而是会留下很多。这些狼便耐心地等待，在人类离开后，他们就可以享用大餐了。

有几只勇敢的狼开始跟着人类回到营地。这些人类围坐在篝火旁，吃东西、讲笑话、讲鬼故事，狼就躲在附近的树林里观察他们。当人类熄灭了火焰，拔营去另一个地方时，这些狼就进来寻觅人类剩下的食物。

为了做到这一切，狼必须仔细观察人类，了解他们的行为。狼必须察觉到人类什么时候饿了或生气了，知道这时候应该躲远一点儿；狼还必须能意识到人类什么时候是放松的，知道这时候可以靠近。

有些狼在理解人类方面非常出色，于是这些狼能得到更多的食物。长此以往，这些狼就更像狗了，但他们还不是狗。他们介于狼和狗之间，我们暂且在这本书里称他们为狼狗。

人类看到这些狼狗在营地周围游荡，但只要他们能与人类相安无事，不做咬人之类的坏事，人类也并不介意。事实上，人类发现这些狼狗还是很有用的。

例如，深更半夜，在所有人都熟睡之后，一只大剑齿虎来附近觅食。剑齿虎动作非常轻，就像其他猫科动物一样。所有人都在酣睡，没有人感觉到剑齿虎正在靠近。但是附近树林里有一只狼狗感觉到了危机，并叫了起来。这时人们闻声醒来，用石块和火把赶走了剑齿虎。他们对狼狗充满感激！

最终，有一些狼狗冒险走出树林，和人类一起坐在篝火旁。我们不知道这件事具体是怎么发生的，但是我们可以猜测。你是否曾经在街上碰到一只迷路的小狗，并请求父母带他回家？也许几万年前也发生了类似的事情。一群人偶然遇到几只离群的小狼狗，然后一个有同情心的孩子想要帮助他们。

"瞧他们多可爱啊！"孩子说，"如果我们现在帮助他们，他们以后会长成强壮的大狼狗，那时候他们就能帮我们了。"

小狼狗确实非常可爱，毛茸茸的，还眨巴着无辜的大眼睛，所以大人也同意了孩子的这个请求。人们留下了这些小狼狗，喂他们吃剩的食物。晚上，小狼狗就蜷缩起来，倚着人们睡觉。在

寒冷的夜里，和这些温暖的小毛球一起睡觉真是太舒服了！

当这些小狼狗长大，其中一些变得狂躁，对人类产生威胁，人类就让他们回到树林里去和其他野狼狗一起生活；那些友善的、喜欢人类的小狼狗，就留在了人类的部落里。他们不仅能在危险靠近时提醒人类，还能帮助人类一起打猎。他们会抓兔子，也能追赶鹿群。

又过了几年，当那些最友善的狼狗生出下一代的小狼狗，同样的事情再次发生：有野性的小狼狗离开，而友善的小狼狗则被留下来。如此，每一代的狼狗都对人类更为友好。他们会在喜欢的人到来时摇动尾巴，会坐在篝火边看着你吃饭，还会用鼻子蹭你，讨要一点儿食物。这些狼狗最终变成了狗。

狗进入人类生活非常早，这一事实能解释一个有趣的现象。现在，狗并不是世界上最聪明的动物，黑猩猩、大象、海豚，甚至猪的智商都比狗高。然而，在理解人类的情感和需求方面，狗却是最在行的。有时候他们甚至做得比人还好！当你感到难过，你的老师也许注意不到，你的姐姐也许直接无视，但是你的狗狗会感知到。

谁想成为农民？

今天，许多人养狗只是因为喜欢狗，不会吃他们的肉，不会挤他们的奶，更不会让他们耕地。但是狗是特殊的，因为人类在饲养大多数其他家畜时，还是想从这些家畜身上得到些什么。这不是因为爱，这就是掌控。

掌控动植物，使农民变得前所未有的强大，但强大并不代表他们会感到幸福，也不代表他们会和平相处。你是否曾经尝试掌控其他人，比如你的弟弟或者一只小狗？这并不容易，对吗？你让他们做一件事情，他们的行为却完全相反。你只是离开了1分钟，天知道他们会做出什么调皮捣蛋的事情！当你试图掌控他人的时候，他们通常会不高兴，最终你自己也会不高兴。这正是农业革命时期发生的真实情况。

农民认为小麦、水和羊等一切生物都应该按照他们的意愿行事，但这需要农民自己付出艰辛的劳动。最终，他们发现自己也是在按照别人的命令做事情，他们越来越受到祭司和首领的掌控。

难怪，起初只有很少数的人愿意成为全职的农民。像游游、鸟鸟和阿松这样的采集者，他们看了一眼这些奇怪的新新人类，就直接扭头回到森林里，继续摘蓝莓、抓兔子去了！采集者也不是完全反对探索新的生活方式，他们有时候也会做一点点农活儿，在这里种几棵庄稼，在那里养几只动物。但是如果让他们终其一生守在同一个地方开凿灌溉渠、喝粥，他们是绝对不愿意的。

农业如何获胜？

在中东地区，只有少数部落开始全职种植小麦和养羊。同时在中国，有一些部落开始种植小米、水稻和养猪。在印度、美洲、新几内亚岛等世界的其他地方，有一些人逐渐学会掌控其他植物和动物，如玉米、土豆、甘蔗、鸡和羊驼。

即便如此，当时世界上大多数人类还是更喜欢狩猎和采集。

但这并没能阻碍农业革命的进程。农业并不需要每一个人都帮助它传播。如果一个地区有 100 个采集者部落，也许其中 99 个都拒绝了农业。但是，只要有 1 个采集者部落愿意做，就足够了。

由于他们的辛勤劳动，以及他们对动植物的掌控，农民收获了越来越多的粮食、肉和牛奶，他们能养活越来越多的孩子。一个规模 50 人的采集者部落需要一整片森林才能获得足够的食物。但是如果农民放一把火烧了树林，把它变成麦田或稻田，同样的面积可以养活 10 个有 100 人的村庄。

农民烧毁了越来越多的森林，建了越来越多的村庄，并赶走了那里的采集者。有时候采集者会打回来，甚至毁掉一两个村庄。但是经年累月，农民的人口实在是太多了。50 个采集者怎么能打过 1000 个农民呢？所以采集者不得不选择加入农民，或者逃走。同样的场景在世界各地都在上演，直到采集者几乎绝迹。

农民成为世界的新领袖。只是还有一个小小的问题。他们对自己的新生活并不完全满意。农民辛苦劳作，是因为他们有一个计划：他们以为开凿灌溉渠、播种、养羊、筑墙，这些劳动能为他们创造完美的生活，然后他们就可以轻松地休闲娱乐了。但是他们的计划从未获得成功。为什么呢？因为有个东西叫"非预期后果"。

2

哎哟！
我们没想到
会这样

去采集！

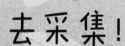

第一天，我们在野生森林里徒步、爬树、寻找蘑菇，晚上在河边搭帐篷。

第二天，我们划独木舟顺流而下，学习捕鱼，在小湖边用芦苇搭房子。

第三天，我们爬一座小山，收集燧石，学习制作箭头和射箭。

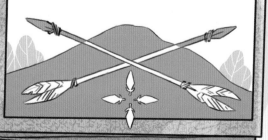

去种地！

第一天，我们到达村庄，研磨麦粒10小时，晚上睡在村庄里。

第二天，我们去附近的麦田，在地上刨坑10小时，晚上回到村庄里。

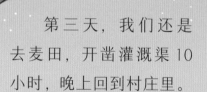

第三天，我们还是去麦田，开凿灌溉渠10小时，晚上回到村庄里。

非预期后果

假设父母打算带你去家庭旅行。他们递给你一本旅行社的小册子，上面有两个行程计划供你选择：加入一个采集者部落，或者和古代农民一起住在村庄里。

你会选择哪个计划呢？

看上去很容易选择，是不是？然而我们的祖先放弃了在森林里自由漫步的生活，开始在田里劳作。这是为什么？答案其实非常简单：没有人提前给他们任何小册子，当他们做出关键选择的时候，他们并不知道自己在做选择。

你有没有过这样的经历？小心谨慎地做了一个计划，但是事情最终向着与计划完全相反的方向发展。比如，假设你养了一只叫波波的宠物兔子，你非常喜欢他。因为波波总是独自在笼子里啃胡萝卜，所以你觉得他可能太孤单了。于是你决定说服父母，让他们相信波波需要一个新朋友。你请求父母，向他们做了各种保证，他们终于同意让你养第二只兔子，条件是你承诺好好照顾两只兔子。太棒了，你的计划成功了！

你很开心地和两只兔子玩耍，他们看上去也很喜欢彼此。过了一段时间，你发现波波的朋友越长越大。一天早上，笼子里出现了 5 只可爱的兔宝宝。刚开始，你很喜欢这些可爱的小毛球。哇，你现在有 7 只兔子了！

　　但很快事情就变得复杂了。随着小兔子不断长大，他们需要更多的笼子来居住。兔子还会产生粪便，需要有人清理并每周打扫一次笼子。当然，所有的兔子都需要吃东西。你的父母说这是你的主意，你必须负责照顾好他们。所以你不得不每周花费几个小时打扫笼子，还需要挣钱买更多的胡萝卜。于是你帮妈妈洗车，帮邻居遛狗，还帮街角那户人家给花园浇水——这些都很有效，你达到了目的，但这并不是你的初衷！你只是想给可怜的波波找个同伴！如果有一天他们又生了更多的小兔子可怎么办？

　　当你计划做一件事情，却导致了一些计划外的事情发生，这就叫"非预期后果"。你的兔子计划实现了——但是这个计划引起的非预期后果，让你的生活压力越来越大。

　　在农业革命的进程中，类似的情况也发生在了我们的祖先身上。他们也有一个伟大计划：努力工作，过上更好的生活。但结果并不尽如人意。他们确实更加努力地工作了，但并不是总能过上更好的生活。相反，他们收获了很多非预期后果。

骷髅讲故事

　　当考古学家发现古人类的骸骨，他们通常能够从中区分出这具骨骼是属于采集者还是农民。采集者的骨架通常更高大，保留着更多牙齿，并且少有饥饿和疾病的迹象；农民的骨架通常矮小一些，缺失了很多牙齿，同时有较多饥饿和疾病的表现。另外，许多农民的脊柱都有扭曲，膝盖和脖子部位的骨骼也有磨损。

　　如果在考古学家的实验室里，一个采集者骷髅遇到一个农民骷髅，他们之间可能会展开如下的对话。

　　"嘿，哥们儿，"采集者骷髅——采集者的骸骨——可能会说，"你的脊柱和膝盖怎么了？你和你的农民朋友们看上去都不太好。"

　　"嗯，因为我们工作太辛苦了！"农民骷髅——农民的骸骨——可能会这样回答，"你试试每天蹲在地里拔草，你也会看上去不太好的！"

　　"那为什么你们农民的骸骨会缺失这么多牙齿？"采集者骷髅问，"还有，你们为什么这么矮？"

　　"这就说来话长了，"农民骷髅叹气道，"我们的饮食总体来说比较糟糕。你们采集者每天都在采集和捕猎，所以你们可以吃各种不同的东西，比如……"

　　"比如坚果、乌龟、蘑菇、兔子，还有……"

　　"好了，好了，不用全列出来！你看，我们农

民每天忙着除草、开凿灌溉渠、收割庄稼，还有修建围墙，我们没有时间采集坚果，也没有时间抓兔子。在特殊的节日里，我们会宰一只羊然后烤了吃，但我们大部分时间只吃小麦面包、喝粥，也许还有几颗豌豆和一点点奶酪。"

"啊？听上去有点儿无聊。"

"那可不。还有更惨的！我活着的时候并没有意识到，但现在我是一把枯骨了，我才知道每天只吃小麦是不健康的。小麦并不具备人体所需要的全部矿物质和维生素，所以我没办法长得又高又壮。还有，小麦吃多了对牙齿不好，这就是为什么我只剩两颗牙了！"

"哇！"采集者骷髅惊呼，"现在我非常庆幸自己坚持狩猎采集的生活！瞧，除了那颗我从开心果树上掉下来时摔断的牙齿，其他牙齿都还在。但是你们辛苦劳作，肯定还是有些好结果的吧？我一直认为你们至少生产了成堆的小麦，不是吗？"

"那是当然！"农民骷髅自豪地确认。

"但是，通过你的骨骼判断，你经常挨饿。这是为什么？"

"我听那些考古学家讨论过，"农民骷髅压低了声音，"这显然是因为一些所谓的'非预期后果'。"

"啊，听上去真可怕！"

"是的！它的意思就是你做好了计划，但是事情却发生了完全无法预料的转折。"

"好的……那么具体发生了什么？"

"你知道吗，我花了好长时间才搞明白。结论竟然是这样的：我们以为只要好好照顾小麦，我们就永远有足够的食物，但是我们错了。"

"为什么？我是说，我不太懂你们辛勤劳作的细节，但是你们的计划听上去不错。"

"是啊。但是我们忽略了一些事情。这世界如此复杂！我们自以为聪明，却没有意识到只依赖少数食物来源的危险性。你们采集者总能找到一些东西吃。如果有一年坚果树生病了，结不出果子——你可以去抓更多的乌龟。"

"没错儿！如果抓不到足够的乌龟，我们还可以捕鱼。这没什么大不了的！"

"但我们就不一样了，"农民骷髅解释道，"因为我们把所有的赌注都放在少数几种植物和动物上了。如果来了一群蝗虫，发生旱灾或洪灾，或是家畜群中出现了传染病……我们就没有什么其他食物吃了。严重的时候我们的粮仓几乎要空了，人们都要挨饿。我小时候经历过几次饥荒，活了下来，但是长不高。这就是我比你矮的原因。"

"这谁能想到呢！"采集者骷髅叹息道，"但是等等，如果你们的小麦都吃光了，或者羊都死了，你们为什么不去森林里采一些浆果，再猎几只鹿呢？这世界上到处都是食物！"

"确实没错儿，但是你看看，我们的人口实在是太多了。采

集者骷髅，你们部落有多少人？"

　　"我想想，我的家人，加上我们的朋友……我不太确定，可能 30 人？"

　　"30 人？！"农民骷髅忍不住讥笑，"那不算什么。我们村庄可能有 300 人。加上隔壁的几个村庄，我们有至少 1000 人！"

　　"哦，我明白了。所以，我猜你们不能直接去森林里找吃的，那里的浆果和鹿可不够这么多人吃……"

小麦的孩子

　　农民逐渐被自己的成功所束缚。他们努力种出了更多小麦，村庄的规模也持续扩大，这看上去是个好现象。但这也让他们在麦田或家畜遭受灾害或疾病的时候，更难回到像采集者那样的生活。你也许会好奇，他们吃得不健康，还很容易受到各种灾害的影响，为什么他们的村庄还能发展壮大？这个问题也许也让采集者骷髅感到困惑，他努力琢磨农民骷髅讲的故事。

　　"请告诉我，"采集者骷髅把自己的问题说了出来，"为什么我的部落只有 30 人，但是你的村庄，在经历疾病和旱灾的情况下，还能壮大到 300 人？"

　　"说来话长。"农民骷髅回答道。

　　"我不介意，"采集者骷髅说，"我已经是具骷髅了，也没什么更紧要的事情做。"

　　"那好吧。我问你，你活着的时候有几个孩子？"

　　"我有 4 个孩子，但是有一个在很小的时候就被蛇咬死了。"

　　"听到这个我很难过！可是你为什么只有 4 个孩子？你不想要更多孩子吗？"

　　"更多？你在开玩笑吧？你也知道，我们经常搬家，不能带着太多孩子！我们采集者必须等到一个孩子可以走远路了，才能再生下一个。"

　　"有道理。"农民骷髅说。

　　"还有，"采集者骷髅补充说，"在三四岁前，我们的孩子主要靠母乳喂养。只要一个母亲还在喂养孩子，她一般就不会再次怀孕。你们农民的情况怎么样？你有多少个孩子？"

"我和我的妻子有 8 个孩子，"农民骷髅说，他把指骨轻轻放在心脏曾经跳动的地方。

"8 个？！"采集者骷髅惊得下颌骨都要掉到地上了。

"这很正常。我的姐姐有 10 个孩子。你看，我们住在一个村庄里，我们不需要带着孩子搬来搬去。而且孩子在很小的时候就断奶了，改喝粥和羊奶。所以女人每一两年就可以生一个孩子。

"可是你们为什么想要这么多孩子？"采集者骷髅困惑地问。

"我们觉得多生几个孩子是件好事，因为孩子多了，就能有更多的人来帮忙干农活儿和负责守卫工作。而且我们的祭司和首领也鼓励大家多生孩子——他们希望我们村的人比所有的邻居都强大。"

"但是你们去哪里给这么多孩子找吃的？"采集者骷髅问。

"年景好的时候，食物完全不成问题。当我们的粮食大丰收，羊也很健康的时候，我告诉你，我的孩子们吃的和首领一样！"

"那如果年景不好呢？"采集者骷髅小声地问。

"我实在不愿意回想不好的年景，"农民骷髅发出一声叹息，"如果蝗虫入侵，或者小麦长了褐斑，或者天不下雨，或者羊群染病死了……我们的粥和奶就不够分给每个人吃。有很多孩子会死掉。我的 8 个孩子中，只有 4 个长大成人并组建了自己的家庭。正如我说过的，"他难过地补充道，"非预期后果。"

51

腹泻的日子

缺少食物不是造成农民孩子死亡的唯一因素。古代的农民不知道，其实用粥和羊奶代替母乳是不利于孩子健康的。

更糟糕的是，传染病非常容易在肮脏和拥挤的村庄里传播。采集者的部落通常很小，移动性也比较强，即使有人生病了，也不会传染给太多人。也许他的症状是腹泻，一晚上往灌木丛后面跑了10趟。第二天早上，整个部落就匆忙搬到其他地方去了。

但是农民住在拥挤的村庄或镇子里，而那时候还没有厕所，也没有污水处理系统。如果有人腹泻，他可能就在村庄中间找个地方解决了。第二天早上，全村并不能集体搬走，于是很快其他人也腹泻了。

也许你曾经得过腹泻，你的父母带你去看了医生。之后，你可能吃了几片药就好了。早期的农民并没有这样的药片。腹泻时，人体内存不住食物和水，甚至有人会因此死去。

而且不只腹泻。新的疾病不断出现，席卷了村庄。那么这些新的疾病都是从哪里来的呢？

它们来自家畜。村庄里不仅住满了人，还住着羊、猪和鸡，他们都挤在垃圾堆和粪便旁边。病菌从一只动物传给另一只动物，再从动物传播给人。没有人预见到这一切的发生，这是农业革命带来的另一个非预期后果。这些早期的村庄和镇子简直就是病菌的天堂！一种病菌可能会感染很多鸡，然后感染几乎所有的羊，最后传染给人并导致半数的孩子死亡。

如果一个农民家庭只有少数几个孩子，就像在过去

52

的采集者部落里那样，这些孩子可能在长大之前就都饿死或病死了。为了保险起见，父母都会尽可能地多生孩子。为了养活这些孩子，农民就要开辟更多的田地、种更多的小麦。这样一来，他们就会想要更多的孩子来帮他们做农活儿，而这些孩子也需要食物……情况大概就是这样。

一个妈妈也许会生 8 个甚至 10 个孩子。其中有一半可能会在很小的时候因为饥饿或疾病夭折，剩下的孩子长大了，又生了更多的孩子。因此，尽管有饥荒和疾病，农民的人口还是持续增长，随之一同增加的还有农田、粮仓、农具、神庙，以及房屋和帽子的数量。

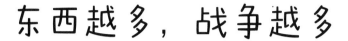

东西越多，战争越多

你有没有过这样的经历：你的父母带回来新玩具或小玩意儿，然后你和你的兄弟姐妹开始争抢。"这是我的！""不，我先看到的！""妈妈，告诉他这次轮到我了！"

总体来讲，我们拥有的东西越多，战争的理由就越多。在农业革命开始之前，人类几乎没有玩具、小玩意儿或其他东西，所以他们很少争抢。考古学家发现过一些远古采集者之间战争的证据，但是并不多。而如果某个地方有农业的迹象——如装满谷粒的粮仓，考古学家通常能在这里发现很多战争的痕迹，如围绕村庄的围墙，或者被箭头穿过的颅骨，等等。

这是无所事事的采集者骷髅和农民骷髅在考古实验室里讨论的另一个话题。

"你头上那东西是什么？"采集者骷髅可能会问。

"一个箭头。"农民骷髅回答道。

"箭头怎么会到你头上的？你打猎的时候出了事故吗？有一次我和伙伴们在捕猎一头猛犸象的时候……"

"打猎事故？！"农民骷髅叫出声来，他的胸腔在起伏，"这是在战争中负的伤！"

54

"战争是什么？"采集者骷髅好奇地问。

"就是隔壁的部落袭击了我们的村庄，想要杀死我们，并夺走我们的羊和田地。"

"啊，"采集者骷髅点头说，"我们也有一些讨厌的邻居。但是如果他们来挑衅，我们通常走开就行了。和他们打仗有什么意义？"

"你说得容易！"农民骷髅皱了皱眉，"你又没有什么可失去的！我们有房子、田地、粮仓和羊群，我们有很多打仗的理由。如果有人想占领我们的村庄，我们不能轻易离开。失去了田地和羊群，我们就要挨饿。所以我们必须留下来战斗。"

当然了，不是所有的农民都崇尚暴力，有的也非常平和。但是当暴力的农民袭击了平和的村庄，结局要么是暴力的一方获胜，要么是平和的一方也学会了战斗——从此他们也变得暴力。这意味着，经年累月，世界各地都会出现暴力。

这些发生在人们身上的不幸——受伤的膝盖、缺失的牙齿、传染病、反复的饥荒，以及嵌入颅骨的箭头——都是农业革命的非预期后果。没有人想要这一切，也没有人计划这一切，人们只是没有预料到它们会发生。

但是农业革命不仅仅是以意想不到的方式改变了人类的身体，它还改变了人类的思想。一旦人类开始种地，他们思考和感受的方式就发生了变化，他们开始像蚂蚁那样思考。

蚂蚁和蚱蜢

你听过蚂蚁和蚱蜢的故事吗？故事是这样的：

"在温暖的夏日，蚱蜢开心地跳来跳去，吃各种好吃的叶子，他大部分时间都在唱歌跳舞。啦啦啦，啦啦啦！

"与此同时，蚂蚁在忙着盖房子、储存食物。她背着比自己身体还要重 10 倍的麦粒，把它们堆在自己的房间里。蚂蚁工作非常努力，仅仅是看着蚂蚁工作，蚱蜢都觉得累。

"'放松点儿，姑娘！'蚱蜢叫道，'为什么你不轻松一点儿，享受一下生活？'但是蚂蚁仍然在工作，她还告诫蚱蜢：'你会为自己的懒惰感到后悔的。'

"冬天来了，植物大多都冻死了。蚂蚁在自己舒适的房间里，有足够的食物。可怜的蚱蜢饿极了，跑来敲门，向蚂蚁乞求食物。但是蚂蚁一点儿都不给他。'夏天我努力工作的时候你在嘲笑我——现在我们看谁能笑到最后！'然后就在他面前摔上了门。"

这个故事是一些农民编出来的，他们希望自己的孩子能像蚂蚁那样，多为将来考虑。

如果你去问任何一个采集者，他会告诉你，这个故事完全就是胡说八道："你也知道，每年春天，森林里四处都是蚱蜢，显然他们挨过了冬天，不是吗？唱歌跳舞，不要太担忧明天的事情，一切都会好的。如果你注意寻找，即使是在冬天，也总能找到鲜嫩多汁的蜗牛。"

　　采集者关注当下。当然，他们偶尔也会做做计划：他们与朋友约定在下一个满月的夜里一起唱歌跳舞；他们在洞穴的岩壁上画一头野牛，留给未来的子孙看；他们抓很多三文鱼并将其熏制，或者采集很多榛子，存起来留着以后吃。

　　不过，他们能够储存的坚果和熏鱼的数量是有上限的，因为他们无法掌控坚果树和野生的鱼。如果他们想要1万条熏鱼，但是附近的河里只有1000条鱼——采集者对此无能为力。所以他们不能做太多的计划，他们的生活充满了惊喜。

　　"不要计划太多，"大多数采集者可能会这样教育他们的孩子，"如果你去森林里只是计划猎一只鹿，你可能就会错过灌木里面的蜂巢；如果你只是计划想找一个蜂巢采点儿蜂蜜，你可能就会错过一个鸟巢和鸟巢里3个美味的鸟蛋；如果你午餐一定要吃煎蛋，注意力全都集中于寻找鸟蛋，就可能察觉不到背后有一头熊想把你当作午餐。所以我们要关注眼前正在发生的事情，不要过分担忧将来可能会发生的事情。"

　　你也许会认为，面对这一切的未知，采集者会非常焦虑，但实际上他们无忧无虑。如果你想一下那些令你焦虑的事情，会发现它们几乎都不是当下立刻就会发生的。通常你感到焦虑都是因为你在想一些未来的事情，比如明天的数学考试，或者下周要去看牙医。如果你只关注当下的事情，可能就不会经常陷入焦虑。

相反，农民经常会为下个月甚至明年的事情感到担忧。他们比采集者要焦虑得多，因为他们没有选择——他们不得不考虑将来，毕竟他们吃的并不是当天就能找到的食物。

"如果你想吃面包，"农民教育他们的孩子，"你不能去森林里找，那里没有面包树。你必须开辟一片农田，锄地、播种、除草，等几个月后收割麦粒，然后小心地打谷、扬场、磨面粉、和面……最后才能烤出属于你的面包。所以你必须提前很久做计划，就像蚂蚁那样！"

为了实现这一目标，农民训练孩子掌握一项重要的技能，那就是"延迟满足"。满足欲望意味着实现了你想做的事情。你看见一颗糖，两秒钟后它就在你嘴里了——你满足了自己想吃糖的欲望。而延迟满足意味着等待：你要让糖原封不动地在那里待一会儿，即使你非常想立刻、马上就把它放进嘴里。

大多数采集者不会认同延迟满足。如果你在穿过稀树草原时发现一棵无花果树，你没有立刻摘一些无花果犒劳自己，而是决定延迟满足，把无花果留在了树上，那么等你第二天再回来时，就会发现那棵树已经秃了——蝙蝠和狒狒在你离开之后吃光了所有的无花果。在那个年代，只有傻子才会选择延迟满足。

农业改变了一切。一旦你拥有了一片麦田，而不是在稀树草原上游荡，延迟满足就变得非常重要。假设有一年收成不好，你的粮仓里没有多少麦粒了，但你很饿，这时候你应该怎么做？如果你把麦粒吃光了，就会没有种子用来播种，明年你和家人就都会饿死；如果即使你很饿也留了一部分麦粒做种子，那么你就能播种，通过耐心的劳作，明年就会收获足够多的粮食。

所以农民和采集者的区别，不仅仅在于他们的生活方式和食

物种类，他们的思想也是不同的。成为农民意味着要经常为将来的事情担心，还要在当下延迟满足。即使到了今天，这也是孩子们在学校里要学的最重要的事情。

你会时不时觉得学校学的东西毫无意义吗？它们和你当下的生活、朋友、爱好都毫无关系。你想在外面玩耍，却不得不坐在教室里解数学题。这是因为你正在被训练成为一种"农民"。你学着努力，学着延迟满足，因为你的父母担心你的未来。

他们会担心：如果你去外面玩耍而没有做数学题，那么你就不能在考试中取得好成绩，不能考上一个好大学，然后你就找不到一个好工作，就不会获得高薪，最终当你老了就没有足够的钱去好的医院看病。所以你还是坐下来做数学题吧，为了在80岁的时候能去一个好点儿的医院看病。

目前还不清楚这样努力工作和延迟满足是否真的对人类有好处，但是对小麦和其他从农业革命中获益的植物来说，这当然是好事。

农业革命的**十大灾难**

干旱	洪水

动物疾病	人类疾病

大麦　小麦　小米　水稻　高粱　甘蔗

征服世界的植物

　　如果你在农业革命之前从太空俯瞰地球，你会看到一些小规模的人群在山林之间游荡，也能看到这边几株小麦，那边一丛水稻。

　　如果你在农业革命遍及全球之后再俯瞰我们的地球，你就能看到覆盖大片区域的麦田和稻田，还有上百万人从早到晚地忙碌：播种、浇水，保护这些作物不受病虫害影响。

　　当人类最初开始农耕时，他们认为自己非常聪明，可以很轻易地掌控小麦和水稻之类又小又蠢的植物。但是，人类似乎并没有自己想象的那么聪明——最终是植物掌控了人类。

　　你也许好奇，为什么人类会允许这种事情发生。事实上，人类没有意识到它的发生。从采集者转变为农民花了很长的时间，

向日葵

玉米

可可

马铃薯

这种转变不是在一年之内完成的，甚至50年都没法儿完成——可能需要5000年。人们并没有意识到发生了什么，因为每一代人几乎都在重复着和他们父辈相同的生活。唯一的区别是，每隔一段时间——可能是100年，也可能是1000年——会有人提出一个小的改进，用于解决当下的问题。例如发明锄头、挖灌溉渠，或者修筑围墙。

没人能够想到，只是在地上挖了个浅坑，最终却挖出了人类牙齿上的洞，挖出了镇子周围的墙，挖出了人们心里的担忧。

圆满结局？

如今，当人们听说了农业革命的一切艰辛时，许多人指出：事情最终还是变好了的。是的，古代农民遇到了很多意外的麻烦，还产生了很多担忧，但是我们中的大多数人都不用再过和古代农民一样的生活了。

也许你住在一幢还不错的房子里，你有一台装着很多食物的冰箱，一台为你的屋子保持舒适温度的空调，一个配备上下水的干净厕所，一个存放各种药物的柜子，还有一台装满各种游戏的电脑。如果人类仍在森林里面采蘑菇、捕鹿，你就不会拥有前面说的这一切。所以你认为开始农耕是个好主意。

你可以这么认为，因为你不用每天亲自去农田里干活儿。有人为你做了这些事情，或者是机器在做这些事情。即使你确实住在农场，许多艰苦的工作都已经可以由拖拉机或水泵这样的机器承担了，你还可以依赖其他事物，比如现代药物和电脑。你不像一个古代村庄里的普通农民，倒是更像一个首领。

但是那些几千年前生活在小村庄里的普通人：麦麦、阿狼，还有农民骷髅，他们的境遇又如何呢？他们大部分时间都在锄地、开凿灌溉渠……以及担忧未来。他们经常遇到食物短缺，总是担心疾病横行、蝗灾突袭，也害怕会有人来攻击他们的村庄。

他们是否会说"我们不在乎现在的生活有多艰难，因为几千年之后，我们未来的子孙会有充足的食物，他们会住在有空调的大房子里，还可以玩手机"？

麦麦、阿狼、农民骷髅，还有他们的朋友，他们希望多锄几下地，或者多挖一些土，以此改善自己的生活。尽管农业确实解决了一些老问题，但它又创造了一系列的非预期后果和新问题。农民史无前例地开始担忧疾病、蝗灾、旱灾和战争。

　　随着村庄发展成城市，城市合并成大型王国，人们又开始担忧一些全新的、非常奇怪的事情。有些事情非常复杂，它们在野外的森林里绝对不存在，但是在城市里却很普遍；有些事情非常可怕，能令最勇敢的人都吓得发抖。这些事情如此复杂、如此可怕，即使到了今天，大人也很少与孩子提起它们。

3

大人
最怕什么？

比**鬼怪还可怕**

当孩子问家里的大人为什么发愁时，得到的答案通常是"等你长大就懂了"。你是不是也经常听到这样的回答？显然，这世上有一些可怕的事情是小孩子不能理解的。

这有点儿奇怪。毕竟，大人能看到的小孩子也能看到，大人能摸到的小孩子也能摸到。难道有什么东西是小孩子看不到、摸不着，却能让大人非常害怕的？

在远古采集者时代，有很多事情是根本不存在的。当一个采集者看上去有些担忧，她的孩子问："妈妈，你在担心什么？"采集者很少会说"等你长大就懂了"，因为采集者担忧的大多数事情都是可以向孩子解释清楚的——"我担心你妹妹的病。""我担心即将到来的暴风雨。""我担心，因为我看见有只狮子在附近徘徊。"

农业使生活变得更加复杂。当很多人开始共同居住在村庄或镇子里，他们不用再担心暴风雨和狮子，却产生了新的担忧——更复杂的那种！例如，最让大人害怕的事情之一便是税。

孩子害怕鬼怪，大人害怕税。如果你想跟父母开一个玩笑，把自己扮成鬼然后在半夜大喊一声："哇！"可能只会引得你的父母大笑。但如果你告诉他们："妈妈，你不在家的时候，有个人打电话说，他想和你谈谈。我记得他好像说他是税务局的还是哪儿的工作人员。"这时，你要小心！你妈妈听到这个，可能会真的非常害怕！

税究竟是什么，为什么会如此可怕？为什么它会让现在的大

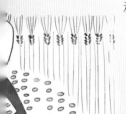

人感到恐惧，而这种恐惧是远古采集者不曾感受过的？这与人类开始居住在像城市和王国等更大的地方有关，人们的生活也从此变得复杂起来。你其实不需要等到长大后才能理解大人对税的担忧，你只需要略微了解：农业如何创造了最早的城市和王国。

卢伽尔·班达和
卢伽尔·基尼舍杜杜

当人们最开始从事农业的时候，他们住在小的村庄里。一个村子大约有60人，另一个村子可能有100人，非常大的村子大概有300人。随着农民烧毁更多的森林，开辟更多农田，养了更多的羊，生了更多的孩子，一些村庄就发展成为人口上千的镇子。

随着时间的推移，这些镇子变得越来越大。在中东，以及印度、中国、墨西哥等所在的地区，出现了人口过万的城市。这些城市通常有高大的城墙和宏伟的神庙，还有一座漂亮的宫殿供国王居住。有的国王统治的不只是一座城市，而是一整个王国，包括城市及其周边的许多村庄和镇子。

这些国王从何而来？过去时代的一些祭司和首领变得越来越强大，他们最终变成了国王。在古老的村庄或小镇子，每当需要做出重大决策时，人们通常能够聚在一起，每个人都可以说出自己的想法。人们尊重祭司和首领的意见，但并不总是同意他们的观点。

但在新诞生的大城市里，由于人实在是太多了，因此把所有人聚集在同一个地方、听每一个人的观点就变得非常困难。乌鲁克是世界上最早的城市之一，它坐落在古代苏美尔地区，在幼发拉底河的河岸，位于今天的伊拉克南部。当时乌鲁克大约有5万居民，可想而知让这5万人一起做出一项决定是非常困难的。

举个例子，假设一支来自另一座苏美尔城市拉格什的军队从乌鲁克周围的田地里盗取粮食和羊群，乌鲁克人应当如何应对？他们是安全地待在城里，守在他们的城墙上，看着拉格什人偷走他们的东西？还是出城与拉格什人战斗？或者尝试与拉格什人进行和平谈判，送他们一些粮食和羊？如果5万个乌鲁克居民中的每个人都用5分钟来陈述自己的观点，那么只是听完这些意见就需要25万分钟，也就是约174天！等到每个人都阐述了自己的观点、结束了讨论，拉格什人可能已经带走了乌鲁克最后一粒小麦和最后一只羊。

事实上，当面临类似这样的重要决策时，乌鲁克人并不会让每一个人都发表意见。有时候他们选择一些有智慧的人来领导他们。这些领导开一个小型的会议，就可以迅速做出决定。但是如果这些领导发生争执而无法达成一致，他们就会去找那个战争时统领军队的大首领，征求他的意见，然后按照他说的去做。如果那个大首领独自做出的决定越来越多，他最终可能会成为国王。

我们知道许多乌鲁克国王的名字，如卢伽尔·班达、卢伽尔·基萨尔斯和卢伽尔·基尼舍杜杜。乌鲁克周边的其他苏美尔城邦的国王名字也很类似，如拉格什国王卢伽尔·沙恩基和乌玛国王卢伽尔·扎吉西。为什么他们的名字中都带有"卢伽尔"？在苏美尔语中，"卢"是"人"的意思，而"伽尔"是"大"的意思，所以"卢伽尔"具有"大人物"之意。

内弗尔卡拉和图坦卡蒙

卢伽尔们觉得自己是世界上最伟大的人。乌玛国王卢伽尔·扎吉西甚至吹嘘说他统治了整个世界！这简直是胡说八道。当时世界上的大多数人甚至从来都没有听说过苏美尔，也没有听说过这些卢伽尔们。许多人仍然以小型部落的形式过着狩猎采集的生活，或者生活在小镇子里，所有人一起做所有的决定，他们并不需要卢伽尔这样的大人物。

还有一些人生活在其他各种各样的王国里，每个王国都有自己的大人物。在苏美尔以西1000千米的地方，就有一个非常大的王国——埃及（现称"古埃及"），统治这里的大人物被称作"法老"。

在那个时候，法老是世界上最有权势的人物之一。现如今，人们只记得他们中的少数几个，而大多数法老都被彻底遗忘了。你有没有听说过内弗卡瑟卡法老、谢普塞斯卡弗法老，或者内弗尔卡拉法老？没有？——这些法老如果知道你从未听说过他们，会很失望的！他们为了出名，曾经非常努力。

那么你听说过图坦卡蒙法老吗？他成为法老的时候大约8岁。在古埃及，如果一个男孩的父亲是前任国王，即使这个男孩还很年幼，也有可能会成为国王。图坦卡蒙活得并不久，大约18岁就去世了。今天的人们记得他，并不是因为他赢得了一场伟大的战争，或者修建了一座雄伟的金字塔，而是因为考古学家发现了他的木乃伊，以及随葬的大量珍宝。

法老去世后，他们的身体会被小心地干燥保存，并做成木乃伊。法老的木乃伊随后被埋进满是黄金和珠宝的奢华坟墓里。每一位法老都想拥有最大、最雄伟的坟墓，以为这样就可以在死后被人铭记。但是这些坟墓过于雄伟，里面装满了珠宝，所以它们早就被盗掘一空了。

图坦卡蒙活的时间不长，也没有取得多少成就，所以他去世的时候，只有一个小小的坟墓，位置也很偏远，是其他法老不稀罕的地方。盗墓贼从来没有发现过这个偏远的图坦卡蒙的墓，当这个墓被现代考古学家发现的时候，木乃伊和所有珍宝都还在墓中。现在，如果你去埃及旅游，还可以看到图坦卡蒙的木乃伊。图坦卡蒙在去世了好几千年后变得世界闻名，而谢普塞斯卡弗法老和内弗尔卡拉法老却没有多少人记得。有时候，出名是需要一点点运气的。

王国有什么好处？

古埃及是一个非常大的王国，位于尼罗河两岸。人们沿着尼罗河岸建造了几十座城市和数百个村庄。古埃及至少有 100 万居民，还有很多牛、猪、鸭和鳄鱼。他们都接受至高无上的法老的统治。

为什么人们会创造像古埃及这么大的王国？他们继续住在各自独立的村庄或镇子里，不是更好吗？他们为什么想要一个大国王对所有人颐指气使呢？事实上，生活在大的王国里是有好处的，在那里，人们可以做在独立的村庄和镇子里做不到的事情。

例如，在古埃及出现王国和法老之前，尼罗河岸边原本就有许多村庄和镇子，它们都依赖尼罗河，因为尼罗河可以为住在村庄和镇子里的人，以及他们的牛和麦田提供水源。但尼罗河是一个喜怒无常的朋友，也很容易变成致命的敌人。如果降水过多，河水就会泛滥，冲毁农田和房屋，夺走人和动植物的生命；如果降水过少，河里就没有足够的水，小麦就会渴死，使得牛和人没

有食物吃。人们一直忧心忡忡地关注着尼罗河，永远不知道将会发生什么。

人们曾考虑修筑大坝、运河和水库来阻挡洪水，以及为干旱的年份储存一些水。但是大多数村庄和镇子都很小，没有足够的工人修筑足够大的堤坝，也无法开凿足够大的水库。有首领和祭司建议所有村庄和镇子合作，共同完成这项工程，但是人们之间没有足够的信任。每个人都希望自己的村庄或镇子得到帮助，但很少有人愿意帮助远方的村庄或镇子，结果几乎什么都没有做成，每个人都吃尽了洪灾和旱灾的苦头。

在法老将所有村庄和镇子联合成一个大的王国之后，事情开始有了转变。如今所有人都能够合作。当法老下令："筑一道高墙！"古埃及各地的人们都赶来修墙。法老再下令："修一座大水库！"每个人都投入修建水库的工作。这样一来，如果遭遇洪水，村庄和镇子就不会被冲毁；如果遭遇干旱，每个人的田里仍会有足够的水。

欢迎来到鳄鱼城!

有一个名叫辛努塞尔特的法老,启动了一个非常大的工程。他命令古埃及人开凿一条很宽的运河,将尼罗河与法尤姆洼地连接起来。那时的法尤姆洼地还是一个大沼泽地,里面都是蚊子和鳄鱼。很少有人能住在法尤姆洼地,那里几乎没有食物,而且有很多鳄鱼。

古埃及人开始挖运河。几万人从全国各地赶来,在烈日下努力工作。他们挖呀挖,挖呀挖。哪怕他们被蚊子叮了,也要接着挖;就算有人被鳄鱼吃了,其他人也要继续挖。工程量非常大,直到辛努塞尔特去世时,运河都没有完工。

但是新一任法老命令人们继续挖。他们只好继续挖运河,还用挖出来的土修建了很多大坝。

终于,他们完成了这项工作,水从尼罗河流向法尤姆洼地,人们在那里兴建了一个巨大的人工湖。现在,每当危险的洪水来袭,人们就把河水导入人工湖,使洪水不能破坏他们的村庄;而当干旱降临时,人们就让人工湖里的水流回尼罗河,这样他们就有水浇灌田地了。

如今,法尤姆洼地遍布肥沃的土

地和富饶的村庄，而不再是沙漠中的一片沼泽。人们还在那里建了一座新的城市，并给它取名为"挖了很久的地方"，后来为了方便又称之为"鳄鱼城"。

那些鳄鱼后来怎样了呢？有一些死了，有一些移居到了其他沼泽地继续生活，还有一些鳄鱼搬进了城里。古埃及人在鳄鱼城的正中央建了一座很大的神庙，用于供奉一位新的神——鳄鱼神索贝克。在神庙里面，人们养了一只鳄鱼当作宠物。当人们看到他的时候，会以为自己看到的是鳄鱼神索贝克。

每天，神庙里的祭司会用牛、猪和鸭子投喂鳄鱼。根据一位古代历史学家的记载，他们甚至给鳄鱼的前爪戴上珠宝手串，并为他戴上金耳环……尽管鳄鱼可能并没有那么喜欢——他应该更喜欢肉。你试过给鳄鱼戴耳环吗？这并不容易，千万不要这样做！

是谁创造了历史？

古埃及人能建成大坝和运河，是因为他们生活在一个巨大的王国里，王国可以把成千上万的人聚在一起来建造东西。一个大的王国还可以完成另一件重要的事情：那就是在巨大的粮仓里储存很多食物，并在需要的时候运送到各个地方。

如果有一年古埃及北部的麦田发生了病害，人们就可以把鳄鱼城的粮食运送到这里。又有一年，鳄鱼城周围的小麦全被蝗虫吃掉了，人们还可以把古埃及南部的粮食调运过来。如果整个王国都闹饥荒，那么法老的大粮仓里还存有足够全国人吃一两年的粮食。

另外，大的王国还能够更好地抵御强盗和入侵者。如果一个独立的村庄遭到袭击，那么只有几十个人可以防御。即使所有邻近的村庄都同意来帮忙，最多也只能集结约1000个手持锄头和镰刀的农民。

与之形成对比的是，如果这个被袭击的村庄从属于一个大的王国，那么整个王国都可以施以援手。他们的战斗力也不再是约1000个手持锄头和镰刀的农民，王国可以派遣一支由2万名配备剑和长矛的士兵组成的专业军队。

可见，生活在大的王国里有很多好处。但是，人们的生活仍然困苦，可能比未经历农业革命的游游、鸟鸟和阿松等采集者过得还要艰难。

古埃及人并不知道这一点，因为他们已经忘记采集者是如何生活的，甚至也不记得农业革命了。大多数人都以为，人类自古以来就是农民。不过，古埃及人肯定知道：农民的生活有多艰难！

古埃及是当时最强大的王国，但是强大通常意味着普通农民需要付出大量艰苦的工作。当你在历史书上读到像金字塔那样的宏伟建筑、像图坦卡蒙法老那样的名人，不要忘了大多数人都不是法老，而是普通的农民。他们日复一日地辛勤工作，生产的食物养活了国王、士兵和祭司（还有宠物鳄鱼）。大多数历史书只谈论国王、将军和祭司，却很少提及那些用劳动养活他们的真正重要的人，这有点儿不公平！

拥有什么和应交什么

　　生活在古埃及这样的大王国里是有很多好处的，但是掌控一个大的王国也着实令人头疼，因为法老必须把这么多人、这么多事情安排妥当。为了达到这一目的，他们必须搞清楚两个非常重要的问题——"谁拥有什么？""谁应交什么？"

　　拥有一件东西，意味着它属于你。人们可以拥有各种东西：房子、汽车、衣服、笔记本电脑……人们把所拥有的东西称为自己的财产。如果你有一块巧克力，那么这块巧克力就是你的财产。未经你的允许，没有人可以吃它。如果有人未经允许拿走了它，这种行为就是偷窃。在古埃及，财产有很多种：麦田、椰枣树林、羊、驴、马车、船、房屋和宫殿等。关键是王国里有约 100 万人，我们如何得知谁拥有什么？

假设一个农民拥有一片椰枣树林，当有人潜入树林开始偷吃椰枣，该怎么办？其他人如何得知这片椰枣树林不是潜入者的财产，分辨出他只是一个小偷儿呢？这就是"谁拥有什么"的问题。

另一个问题是"谁应交什么"。应交什么东西，意味着你必须把你的一部分财产分给别人。就像你有一块巧克力，但是你的父母告诉你，你必须把其中的一部分给你的妹妹。为了维持王国

运转，法老命令人们把自己的一大部分财产上缴给他。于是，人们不得不把自己种的一部分椰枣、养的一部分羊，尤其是他们收获的很大一部分谷物都上缴给法老。法老把收缴上来的粮食储存在自己的大粮仓里，或者用来喂养他的士兵和工人。显然，如果这些士兵和工人吃不上饭，就什么也做不了。

这就是为什么每人每年都需要向法老上缴那么多粮食。上缴的财物就叫作"税"。时至今日，大人仍然会为之担忧。

猛犸象税

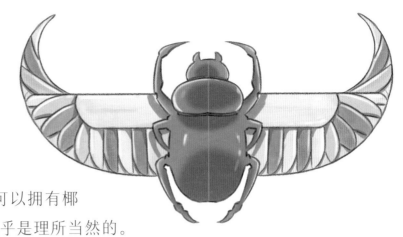

对你来说，人类可以拥有椰枣、麦田和羊群，这似乎是理所当然的。但事实上，这是一件很奇怪的事情。一个生物怎么可以拥有另一个生物呢？蜜蜂并不会拥有鲜花，跳蚤并不会拥有狗，猎豹也并不会拥有斑马。

远古时期的采集者拥有的财产也不多，而且他们拥有的很多东西通常都是共享的。一群采集者可能会声称一片特定的森林属于他们，但是如果说一个人拥有一整片森林，其他人都不能进去，这对他们来说就很荒谬。

或者假设某个霸道的猎人指着一群猛犸象喊道："你们看到这些猛犸象了吗？他们都是我的！如果我好心让你们捕猎几头，那你们就必须向我交猛犸象税。"这种做法也太愚蠢了！毕竟，猛犸象想去哪里就可以去哪里，他们并不听从任何人的指令。

随着农业传播到世界各地，人类开始掌控其他生物（如小麦和羊），就容易把他们当作"财产"。在早期的村庄和镇子里，人们通常一起干农活儿，不管生产出什么，都是所有人共有的。但有些时候，人们也会选择独自干活儿，甚至独自吃饭。

当一个家庭辛勤劳作，清理了田地里的石块，播种了小麦，并精心地浇灌，接着便声称这块地是他们独有的财产，没有人可以未经他们的允许从这片田地里拿走一颗麦粒。就这样，有的家庭拥有 10 块田地，他们算是富有的；有的家庭只有一小片田地，或者根本没有，他们则是贫穷的。

通往贫穷的多种方式

造成这种不平等的原因可能有上千种。想象一下，如果几个贫穷的农民相遇，讨论他们为何贫穷而其他人却很富有，大概每家都能讲出一个不同的故事。

"我的邻居特别富有，"一个农民嫉妒地说，"他们有 10 块田地，而我只有 1 块！"

"为什么？"其他人问。

"我的邻居像蚂蚁一样忙碌，多年来辛勤劳作，开辟并耕种了那些田地。我更像一只蚱蜢，活得比较轻松。我总希望有一天，在我犁地的时候，突然就发现一个黄金宝藏！但遗憾的是，这样的事情至今也没发生。生活真是不公平！——你们的情况怎么样？"

"我曾经拥有 10 块麦田，"第二个农民自豪地宣布，"但是褐斑病毁掉了我所有的小麦。我的邻居也有 10 块田地，但是她比较聪明。她只在 5 块田地上种了小麦，在其他田地上种了大麦。当褐斑病来临的时候，她的小麦也被毁掉了，但是她的大麦完好无损！"

"那她有没有帮助你渡过难关？"

"我家里一点儿吃的都没有了，我只能向她寻求帮助了。但是她十分贪婪。她告诉我，如果我把所有的田地都给她，她才愿意给我一些大麦面粉。我恳求她不要如此残忍，最终她说：'好吧，不要再发牢骚了，给我 9 块田地就行，你自己留 1 块吧。'我能怎么办？我和家里人都要饿死了！于是现在她有 19 块田地，而我只剩下 1 块了。"

"你们俩算幸运的！"第三个农民伤心地说，"在我们村，曾经每家都有10块田地。大家都非常勤劳、聪明，也非常慷慨！我们总是精打细算地在各个田地里播种不同的作物。如果一家有困难，其他人都会帮助他们。但是山那边的敌人入侵了我们的山谷，占领了我们的村庄。他们夺走了我们所有的田地，还有我们的房子！我们什么都没有了！"

"那你们是怎么活下来的？"另外两人惊恐地问。

"那些入侵者说，我们可以留在他们的村庄，继续住在他们的房子里，条件是我们必须为他们打理他们的新田地。这些强盗喜欢拥有很多田地，但是并不喜欢在地里劳作。"

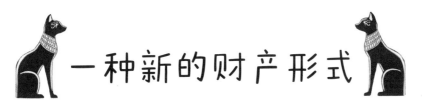

一种新的财产形式

可见，有很多种不同的方式会导致穷人和富人的分化。在古埃及，最富有的人就是法老。他拥有的田地比任何人都要多，而且他从来不需要在任何一片田地里劳动，只需要命令其他人做这做那。每个人都把自己从田地里收获的一部分粮食作为税交给法老，相应地，法老承诺保护他们免受洪灾、饥荒和敌人的侵袭。

如果一个农民不想交税，会怎么样？这个嘛，法老会非常生气，他会派遣他的士兵去这个农民居住的村庄。这次士兵可不是来帮忙的！他们会用长矛敲这个农民家的门，咆哮道："你还没有交税！立刻交给我们，否则……"

如果这个可怜的农民交不出应交的份额，士兵就会拿走他的牛和鸭子，以及他们能找到的所有麦粒。如果这还不够，或者这

个农民应交的麦粒数量还缺很多，士兵甚至会把农民和他的家人直接带走，让他们成为奴隶。

奴隶是人，但被某些人声称是自己的财产。奴隶制是人类有史以来最糟糕的发明之一。一个人可以成为另一个人的财产，这个想法就十分令人震惊。然而，在古埃及和其他地区的古代农民却对此习以为常。在当时的人们看来，就像一个人可以拥有动物和植物那样，一个人也可以拥有另一个人。

在古埃及这样的古代王国里，很多人都是奴隶：有些是在战争中被俘虏的外国人，有些是交不起税的农民，还有些是出生在穷苦人家的孩子。如果父母没有足够的食物喂养自己所有的孩子，他们就不得不从中挑选一个孩子卖作奴隶，这样才能给其他孩子买吃的。

奴隶的生活非常艰辛。如果你遇到古代的奴隶，他们会给你讲可怕的故事。"没有人在乎我想要什么，"其中一个奴隶可能会说，"我的主人有时候让我一天到晚地工作，不能休息，也不能吃饭，而我必须这么做。我想去任何地方都必须征得他的许可。他决定我穿什么衣服，剪什么发型。如果我违背他的命令，他就会用鞭子抽我。"

"如果这就是你最糟糕的经历，"另一个奴隶评论说，"那你算是幸运的了。即使我服从了主人的命令，他也会打我，只是为了取乐。听其他奴隶说，他甚至杀过一个奴隶。我的主人是一个地方长官，他这么重要的人物怎么可能因为杀了一个奴隶就受到惩罚？"

"让我真正难过的是，"一个年幼的奴隶补充道，"我们完全没有未来。我只有12岁，但是我觉得我永远都不会获得

自由。我希望有一天我至少能结婚生子，但是这也需要获得我主人的批准。"

"即使他批准了，你生了孩子，"一个满头白色长发的女奴隶警告他说，"这些孩子也会成为奴隶。我的朋友生了一个孩子，你猜主人做了什么？在那个孩子 10 岁的时候，他把孩子卖给了一个远方来的商人，于是我的朋友就再也没见过她的孩子了。已经 3 年了，她还是每天晚上都会哭泣。"

没有人想成为奴隶。如果你不交税——也许是因为你的小麦都被蝗虫吃掉了——你就会活在恐惧之中，害怕被士兵抓去做奴隶。晚上睡觉时，你做的也不是关于蝎子或鳄鱼的噩梦，而是关于税的！

问题来了，法老如何能记住你有没有交税呢？毕竟，古埃及有约 100 万人。如果一个人没有交税，法老怎么能知道是谁呢？如果士兵来到村庄里没收这个人的牛、粮食或孩子，他们怎么知道应该去哪家呢？这些士兵怎么知道谁拥有什么，谁又应交什么呢？

85

大脑做不到的事情

在起初的几百万年里，每当人们需要记住什么事情，他们就把信息存储在大脑里。但是当人们试图建立大的王国时，他们发现自己的大脑已经无法应付。大脑很神奇，但是它也有其局限性。

第一，大脑能记住的事物数量是有上限的。当人们试图建立一个真正的大王国时，涉及的信息太多了，就会到达大脑记忆的上限。你可以轻松地记住哪些东西是你的，哪些是你兄弟的。如果你班上有30个同学，你能记住每个人坐在哪里。但是在一个拥有100万块麦田的王国里，就没有人能记清楚谁拥有哪一片地，以及谁在哪一年交过税了。而没有这些信息，王国就无法运转。

第二，人死之后，大脑也会死亡。即使有一个天才能记住这个国家所有麦田的主人和所有的税收情况，可一旦这个天才去世了，该怎么办呢？

第三，也是最重要的一点，数百万年来，人类的大脑已经适应了只存储特定类型的信息。为了生存，我们的祖先作为采集者，必须记住各种有关动物和植物的细节。他们还必须记住：

> 秋天可以去林子里采集坚果；冬天最好不要去山洞里，因为山洞里睡着可怕的大熊；春天可以在河边的灌木丛中找到蜂巢。

> 同时，采集者必须记住自己部落里的几十个人的各种事情。他们需要记得

谁擅长爬树，谁擅长给人接骨。如果他们中有人从树上摔下来，最好是去找那个擅长接骨的人帮忙，而不是去找擅长爬树的人。他们还需要记得谁脾气好、谁脾气差。如果需要帮助，最好去找那个脾气好的人。

总之，在起初的几百万年里，人类大脑进化的趋势是存储关于动物、植物和其他人类的信息。这就是为什么你也能够轻而易举地记住和动物有关的趣事，还可以准确地知道班上谁是或谁不是你的朋友。

当人们开始建立王国，他们突然需要记忆一类全新的信息——数字。你喜欢数字吗？数学呢？有些孩子喜欢数学，会被它的美丽和秩序所吸引。有很多孩子不喜欢数学，如果你给他们读一个关于动物的故事，他们会非常喜欢。如果给他们一本书，书里讲的是一个酷酷的女孩把她的朋友从霸凌中解救出来的故事，他们也会很感兴趣。然而，他们从来都不会读有关数学的书来解闷。

不仅孩子如此，很多大人也不是那么喜欢数字。在起初的几百万年里，人类从来不需要和数字打交道。毕竟，采集者不必记得像稀树草原上每棵无花果树各结了多少个果子之类的事情。很显然，人类的大脑并不适应记忆数字。

当人们开始建立大的王国时，他们突然需要记住大量的数字。每个人拥有多少土地？又拥有多少头牛，多少只鸭子？每个人应该交多少税？所有这些累积起来，就是数以百万计的数字。谁能把它们一一记住呢？

数学问题

　　事实上，实际情况还要复杂得多。因为当你想要收税的时候，就会发现对每个人征收同样多的税是不公平的。如果一个人很富有，他拥有 10 块麦田，而另一个人很贫穷，他只有 1 块麦田，那么这两个人应该交同样多的税吗？

　　今天的很多人和过去的人们一样，都认为富人应该交更多的税。但是多交多少呢？你又怎么知道谁更富有呢？在一个小村庄里，每个人都知道谁家富有，谁家贫穷。但是在一个大的王国里，就很难弄清楚了。假设有两个人住在一个偏远的小村庄里，我们就叫他们阿布和吉达吧。国王从来没有见过他们中的任何一个，也从来没去过他们的村庄，他该怎么决定阿布和吉达分别需要交多少税呢？

　　也许国王会说："阿布只有 1 块麦田——他很穷，所以他只需要交 10 袋麦粒。吉达有 10 块麦田——她很富有，所以她应该交 100 袋麦粒。"

　　但是吉达抱怨说："没错儿，我是有 10 块

麦田，但是它们都很小。阿布有 1 块麦田，但是它很大，实际上它比我的 10 块麦田加起来还要大。我不应该比他交更多的税。这不公平！"

国王同意了，说道："好吧，只数田地的数量确实不是个好主意。我们必须丈量它们实际的面积。阿布的 1 块麦田面积是 10 英亩（1 英亩约合 6.07 亩），而吉达的 10 块麦田总共只有 5 英亩。所以阿布应该交 100 袋麦粒，而吉达只用交 50 袋。我希望我没有算错。这些数字真让我头疼。"

现在轮到阿布不高兴了。"不公平！"他喊道，"这跟田地的面积没有关系，田地的质量更重要。我的 10 英亩地只是荒漠里的沙地，小麦几乎无法生长！吉达的 5 英亩地是河边的肥沃土壤，那里简直就是种植小麦的天堂！"

国王的头越来越疼了，于是他说："好的，好的，好的……我知道了。真正重要的是计算你们每年实际生产的麦粒数量，然后交一半当作税。到了收获的季节，如果阿布收了 100 袋麦粒，他就应该交 50 袋；如果吉达收了 200 袋麦粒，她就应该交 100 袋。就这么决定了！我不想

再听你们多说一个字，否则就把你们都扔去喂鳄鱼！"

这个方案就合理多了。但是这意味着，必须有人去统计每个农民的收成，并且不是只统计一次，而是每年都需要统计。因为，或许在一个好的年份，阿布收获了100袋麦粒，于是他交了50袋的税。但是第二年发生了可怕的旱灾，他只收获了40袋麦粒。如果还需要交50袋，那么他和他的家人就要被卖作奴隶或饿死了。

于是，每年都需要有专门的人来问王国里的每一个农民：今年生产了多少小麦，出生了多少头小牛，孵出了多少只小鸭子，以及在河里捕了多少条鱼。真是海量的数字！

而这只是问题的一半。国王不仅需要知道应该收上来多少税，他还需要知道应该分配多少粮食给开凿运河的工人和为王国抵御外敌入侵的士兵。

假设一个士兵跑来说："尊敬的国王，我这个月没有收到我应得的一袋粮食，您指望我饿着肚子为您战斗吗？"国王需要分辨清楚，这个士兵说的是事实，还是他为了得到更多的粮食而撒的谎。如果他所说的是真的，他就应该得到一袋粮食。因此，还需要有人统计从粮仓里运出的粮食数量。

这样一来，就有更多的数字了。谁能把这些全都记住？

国王本人是不可能记住的，即使是大祭司也很快就记不清了。然而，如果不记住所有这些数字，王国就无法运转。

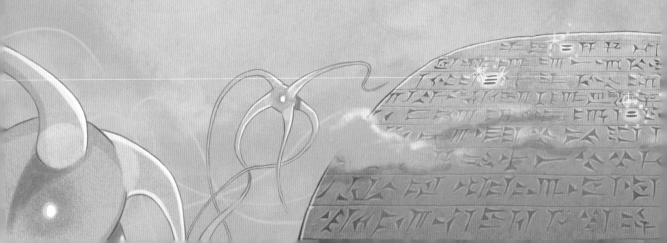

聪明的怪才拯救世界

这就是为什么即使人类成了农民，也在很长的一段时间里难以建立大的王国，更不用说维持王国的运转了。在童话故事里，王国经常会受到巨人、巫师和口吐火球的恶龙的威胁。而在现实世界，古代王国面临的最常见的威胁就是没人记得住所有这些数字。

终于有一天，一些怪才找到了一种方法。

这些怪才并非来自古埃及。没错儿，古埃及确实是一个很大的王国，但是苏美尔王国出现得更早。古代苏美尔有上百个小村庄和镇子。有时候，人们试图将几个村庄和镇子联合成一个王国，但是他们搞不清楚这些数字，会忘了谁拥有什么，谁应交什么。

直到大约 5400 年前，乌鲁克城里有一些聪明的怪才发明了一种非常巧妙的方法来记忆数字。这些乌鲁克怪才明白，人脑并不擅长做这件事情，所以他们发明了一种可以在大脑之外的地方存储这些数字的方法，这样就不必费劲用大脑记忆了！这项伟大的发明使得乌鲁克、拉格什这些苏美尔王国得以建立，也造就了像古埃及那样更大的王国。

也许你已经猜到了苏美尔人是如何在大脑之外存储数字的。

他们把数字写了下来。苏美尔人就这样发明了文字系统。

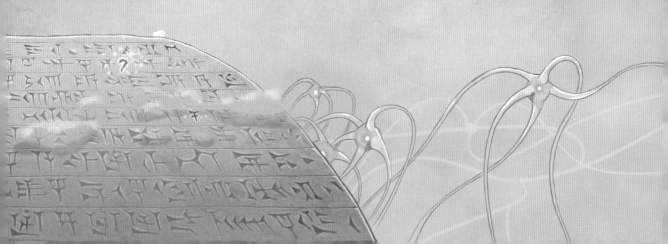

玩泥巴

书写文字是在大脑之外存储信息的一种方式。苏美尔人用一根木杆在软的泥版上刻下符号。这也许源于苏美尔人看到鸟在潮湿的河岸留下爪印而受到的启发，也许源于一些苏美尔小孩儿玩泥巴。

下次你浑身沾满泥巴回家，爸爸妈妈要求你以后不要再把衣服弄得这么脏的时候，你就可以告诉他们，玩泥巴可能是人类最重要的活动之一！

起初，苏美尔人只是发明了少数的几个符号来记录数字，以及少数的几个符号对应人、动物、工具、地点和日期。把这些符号一起刻在一块泥版上，他们就可以轻松地记住一个人拥有 6 只山羊，而另一个人拥有 10 只山羊。他们可以记住一个人今年交了 100 袋麦粒的税，而另一个人已经 3 年没有交过税了，他现在欠国王卢伽尔·基尼舍杜杜 300 袋麦粒。

如果说苏美尔人的符号主要是记录数字、人、羊和麦粒，你可能会好奇他们是如何写出历史书、科幻小说、诗歌和哲学的。他们确实没有写这些。他们发明文字系统不是为了写诗，而是为了记下谁拥有什么和谁应交什么。

签名：库什姆

你有没有好奇过，世界上最古老的文字记录了什么？如果你以为它是一段神圣的文字，其中充满了古老的智慧，那你肯定会失望了。我们的祖先最早的文字看上去是这样的。

这是一块泥版，来自5000多年前的乌鲁克城。上面写着"13.5万升大麦 37个月 库什姆"。该怎么理解它呢？

看上去是有一个名叫库什姆的人，确认他在37个月的时间内收到了13.5万升大麦。库什姆很有可能是一个人的名字，如果确实如此，他就是历史上第一个留下名字的人！

在此之前的历史上的所有名字，都是现代人编出来的。尼安德特人并不会自称尼安德特人，我们不知道他们如何称呼自己；游游、阿松、麦麦和阿狼也不是真实姓名，而是我们杜撰的名字。

但是，当库什姆的朋友在古代乌鲁克城的街头看到他的时候，他们可能会喊他："嘿，库什姆，最近过得怎么样？"

历史上第一个有记载的名字，属于一个每天都在数大麦的怪才，而不是一个伟大的征服者，也不是一个诗人或预言家，这是一个很有趣的事实。此外，历史上最早的文字里并没有哲学思想，没有诗歌，也没有关于国王或者神的故事。它们只是无聊的账本，记录了一些财产的所有权和纳税情况。

这些文本非常无聊，这就是问题的关键——当时并没有人想写下激动人心的事情。因为他们可以在自己大脑中清楚地记住这些事情。也就是说，人类起初发明文字系统，就是为了记录那些无聊的东西。

诗人和理发师

随着时间的推移，文字变得越来越重要，苏美尔人除了写有关财产和纳税的清单之外，他们还想写下其他事情。于是，他们发明了越来越多的文字符号，这样他们就可以书写诗歌、历史和神话故事了。

考古学家将苏美尔人发明的文字系统称作"楔形文字"。多亏了楔形文字，我们不但可以看到古代苏美尔有关税的记录，还可以读到他们的诗歌。历史上第

一个我们知道名字的诗人，是一位名叫恩·赫杜·安娜的女诗人，她生活在约4300年前的苏美尔。考古学家发现了她创作的45首诗。

在古代，恩·赫杜·安娜是一位著名的诗人，她的诗歌被广泛传诵。学者们认为，连《圣经》都有一些段落是受恩·赫杜·安娜的诗歌的启发。"复制—粘贴"有着悠久的历史。

我们还知道恩·赫杜·安娜的长相，这要归功于考古学家，他们从一座雕像中复原了她的形象。这座雕像还刻绘了恩·赫杜·安娜的几个仆人和她的理发师。这个理发师的名字叫作伊鲁姆·帕利利斯。他是历史上第一位留下姓名的理发师！

关于文字系统发明的消息传播得又快又广。其他地区的人们听说了这个消息，都认为这是个了不起的想法。有些地方的人，如巴比伦人和亚述人直接采用了苏美尔的文字系统，开始用楔形文字书写；还有些地方的人则在这一想法的基础上发展出了自己独特的文字系统，这种情况就发生在古埃及。

也许古埃及人认为楔形文字不好看；也许古埃及人为未能发明自己的文字而感到遗憾，于是想要向苏美尔人展示他们可以做得更好；又也许古埃及人很享受发明新文字符号的乐趣。不管是哪种情况，古埃及人最终都发明了最漂亮也最复杂的文字系统之一：古埃及象形文字。他们不再用木杆在泥版上书写，而是用墨水在一种纸上书写。这种纸是由莎草制成的，"纸"的英文"paper"就是来自"莎草"的英文"papyrus"。

在苏美尔人和古埃及人发明他们的文字系统的同时，在几千千米之外，还有其他对楔形文字和古埃及象形文字一无所知的人们也发明了自己的文字系统。大约3200年前，中国人发明了自己的文字系统；大约2900年前，另外一种完全不同的文字系统在中美洲

诞生。

在所有这些地方，人们会用文字写诗歌、神话故事、历史书和菜谱。但是放眼全世界，人们写的最重要的东西还是有关财产和纳税的清单，而且这些清单越来越长。于是一个新的问题产生了：如何找到你想要的信息？

百度一下

当我们将信息存储在大脑里，我们能瞬间就找到它。即使我们的大脑里存储了数以百万计的信息，我们仍然可以立即想起我们所有表亲的名字，随即说出从家去学校的路线，还能列出喜欢的书籍和电影。我们只需要想一下我们正在寻找的信息，嗖！——就找到了！

但是该如何寻找存储在泥版、古代莎草纸或现代纸张上的信息呢？如果你有 20 张纸，你可能需要花费 1 分钟将它们浏览一遍，然后才能找到自己需要的信息。但是如果你有 20 万张纸呢？

假设你生活在古埃及，士兵们来到你的村庄惩罚一些没有交税的人，但是他们错收了你的粮食。你哀号说他们找错人了，你早就全额交纳了自己的税。

"你有什么证据吗？"士兵问道。

"嗯……"你努力地想了又想，"对了！税务官来收税的时候，他在莎草纸上写了我的名字，还标注了'100 袋麦粒'。"

"那好吧，"士兵说，"给我看看那张莎草纸，我就把你的粮食还给你。在那之前，我仍然要带走你的这些麦粒。"

96

怎么办？没有这些麦粒，你的家人就要挨饿了。你必须找到那张莎草纸。于是你从村庄来到大城市，来到一个叫档案馆的地方，国王把重要的莎草纸都保存在那里。

你敲了敲档案馆的门，但是门卫让你明天再来，并说道："档案馆要迎接检查，今日闭馆。"

第二天，你又来了，这次门卫说："今天是节日，档案馆的工作人员全都去鳄鱼神的神庙庆祝了。"

第三天，门卫说："好的，你可以进来了，但是负责税务的职员今天不在。他昨天在鳄鱼神的神庙吃了太多的烤鸭，胃有些不舒服。"

第四天，你终于得到了证明自己的机会，你请求查看那份写有自己名字的文件。那位职员——他看上去仍然有些虚弱——带你来到一个大房间，房门上有个匾额，上面写着大大的两个字"税务"。职员打开了门，你绝望地睁大了眼睛——房间里有成千上万张莎草纸，从地面堆到了天花板。

一只蜘蛛在一堆莎草纸的顶部结了网；一家老鼠在另一堆莎草纸的底部做了窝，纸上满是老鼠屎。你还看到一只虫子把第三堆莎草纸啃出了一条通道，也许她刚刚啃掉了你的名字！你究竟如何才能赶在虫子之前找到有你名字的那一份文件？

　　显然，只把信息写下来是不够的：人们还需要知道如何迅速地找到信息。这就需要将档案馆和图书馆组织起来，创建目录，并培训职员，让他们懂得按照次序存放文件并查找相关信息。

　　想想现在的互联网，其中充满了各种信息。例如，互联网上有数以百万计的与象形文字相关的网页、图片和文章等信息。但是如果没有像百度这样的搜索引擎，所有这些信息都将毫无用处。搜索引擎并不产生信息，但是它们让你可以点击一下按钮就能找到自己需要的信息。

　　你在百度的搜索栏里输入"象形文字"，敲一下回车键，就能在 1 秒内找到数以百万计的结果，而且这些结果还是按照一定相关性排序的。你还可以轻易地找到百科全书上对应的词条、古代象形文字的图片，甚至是教你书写象形文字的视频。

　　假设没有搜索引擎，你仍然可以在互联网上浏览。如果你知道自己想访问的网站的地址，可以输入它，然后页面还是能在 1 秒内打开；但是如果你不知道网址，你不得不随机地尝试，你盼望着能碰到一个与象形文字有关的网站……但是这样效率太低了。这就像是走进一个堆满了莎草纸的房间，试图只靠随机抽出一页纸，来找到你的纳税记录。

　　古代苏美尔、古埃及和古代中国的那些怪才通过发明文字系统，改变了历史。为了有效存储和检索这些文字信息，他们还发明了官僚制度。

国王的**书桌**

　　官僚制度就像税收制度一样，是大人很惧怕的东西。他们宁愿与三个鬼魂和两只怪物待一整天，也不想和一名官员待一小时。"官僚制度"的英文"bureaucracy"正是来自书桌的英文"bureau"。简单来讲，官僚制度就是官员通过书桌来控制人民。

　　想象一下：一个人坐在一张有很多抽屉的书桌前，他从第一个抽屉里取出一份文件，又从第二个抽屉里取出另一份，然后仔细阅读，再写下一份新的文件放进第三个抽屉里。那么这个人就是一名官员。大多数人都可以学习如何阅读和写作，但是除此之外，官员还知道哪份文件应该放进哪个抽屉里，这就是他们的神秘力量。他们能找到一件东西，也可以让一件东西消失。这就是他们控制人民的方法。

官僚制度的运行就像魔法一样神奇。在童话故事里，巫师念一句咒语就能够创造或毁灭整个村庄。官员也可以创造或毁灭整个村庄，而他只需要挪动一下文件。一名邪恶的官员只需要把一个村庄的纳税记录放进错误的抽屉里，就会害得整个村庄挨饿；而一名好的官员可以通过找到丢失的档案，或者从国王的征税名单里删掉一个村庄的名字，就可以拯救整个村庄。这可谓是"大笔一挥，百人得救"。

有些人认为，当权者是利用剑和枪统治其他人的。的确，配备剑和枪的战士在征服一个王国的时候是非常有用的。但是如果你想统治一个王国，就需要那些坐在书桌前归档文件的官员。

为什么上学要考试？

历史上的重大事件，大多是由官员组织的。在古埃及，官员组织修建大坝，使人们不被洪水侵扰；官员组织开凿水库，使人们免受干旱之苦；官员还组织粮食的运输，使人们免于饥荒。

到了今天，大多数事件还是由官员组织的。如果没有他们，就没人能够组织修建道路、机场和医院。甚至你的学校也是由官员监管和组织的。他们决定了哪些孩子可以去上学，哪些老师教哪些班级。他们每个月向老师支付薪水。你有没有想过，为什么你必须参加考试？其实这也是由官员决定的。

官员并不会去翻阅你的考卷，这是老师的工作。但是你的老师通常会在每次考试结束之后给你一个分数，然后在每学期结束的时候再给你一个分数，对吗？这些分数都是数字。老师把这些

数字提交给官员，官员把这些数字放进抽屉里，然后用这些数字决定关于你的各种事务。

假设，你想申请明年转学去一个数学天才的班级，或者去培养音乐家的学校。谁可以决定你能否转学呢？有位官员会从他们的抽屉里取出所有关于你的数字，然后根据这些数字决定是否同意你的转学申请。也许你还不知情，但是你的未来很大程度上取决于这些官员，以及他们存放在抽屉里关于你的那些文件。

所以说，官员是非常有权力的人。他们是我们能接触到的最像魔法师或巫师的人。但是，怎样才能成为一名官员呢？

学校的起源

在古代苏美尔和古埃及，如果你想成为一名官员，就必须掌握阅读、写作、计算和查找的能力。为此，你必须去上学。苏美尔人建造了历史上最早的学校，在这之后古埃及人也建立了自己的学校。

考古学家发现了一段文字，是关于一个名叫佩皮的古埃及男孩的。佩皮一点儿都不喜欢上学。他出生在一个富有的家庭，在古埃及，只有富人家的孩子才能上学。但是佩皮对自己的幸运并不感恩，他认为学校非常无聊，于是他的爸爸凯提给他打气。现在，考古学家可以准确地读出凯提说的话。

凯提希望佩皮能够意识到，世界上有比无聊更糟糕的事情，于是他给佩皮描述了一个典型的农民生活。"农民总是在担忧自己的田地，"凯提说，"他每天用桶从河里挑水。水桶压弯了他

的肩膀，还使他的脖子生了疮。每天早上，他要给菜园子浇水；每天下午，他要给果树浇水；每天晚上，他要给香菜地浇水。"

紧接着，凯提补充道，没有农田的人过得更糟糕："如果你没有任何田地，就必须在别人的农场里做工。一个典型的农场工人总是处于痛苦之中。他穿得破破烂烂的，身体散发着难闻的气味，他一天到晚辛苦地劳动，直到他的手指长满水疱。然后法老的士兵就会过来，带这个可怜的人去开凿灌溉渠、修大坝。他能得到什么回报吗？他会很快病死，什么也得不到！"

佩皮明白了爸爸的意思，于是就去上学了。毕竟，无聊总比干苦力好！写下别人应该做什么，要比亲自去做更轻松！动笔要比挖沟更容易！

骸骨很少撒谎

与佩皮不同，古埃及的大多数孩子并没有选择的权利。考古学家在如今埃及的泰勒阿马尔那地区发现了一个公墓，里面埋葬了100多具骸骨。其中有一半是在7~15岁下葬的，而且很多骸骨的脊柱、膝盖和手都有伤。尽管他们年龄都很小，但他们很可能是建筑工人。他们可能是埃赫那顿法老的奴隶。

埃赫那顿想在泰勒阿马尔那所在地为自己建造一座新的都城，期待他的城市从沙漠中崛起，但是他并不想等太久。于是他的官员给各地写信，命令大量的工人从古埃及各地来到泰勒阿马尔那所在地，并迫使他们高强度地劳动。工人们采集大块的石头，拖着它们行进好几千米，建造房屋、宫殿和神庙。所有的工作都是在沙漠的烈日下进行的，还伴随着很多苍蝇和蝎子，同时几乎没有食物。

这些工人中很多都是孩子，他们被迫离开家，自此再也没有见过自己的父母。他们死后，官员也只是简单地再招募更多的工人。官员可能都没有将这些孩子的死讯通知他们的父母。

埃赫那顿的官员做了很多坏事，但是显然，他们并不想承认。有些人从来不愿认为自己是坏的。新都城的宫殿和神庙都装饰有漂亮的壁画，画中的粮仓装满了麦粒，桌上摆满了食物，还有乐师在法老的宴会上演奏音乐；像佩皮这样的博学之士写下文章，歌颂法老为人民做的伟大事迹，声称人们在法老的统治下安居乐业。这些壁画和文字讲的是法老想听的故事。但是坟岗里的骸骨告诉了我们事实真相。

如果你确实想知道事情的真相，不要仅仅相信你在文本里读到的或者在画里看到的，最好是去问问那些骸骨，他们很少撒谎。

4

先人的
那些梦

你会**改变规则吗？**

如果你是为埃赫那顿建造新都的奴隶，你会怎么做？

你也许想停止沙漠里的艰苦工作，回到父母身边，但这是违反规则的。奴隶未经允许不能去任何地方，没有人会允许你回家。你当然可以违反规则，但这非常危险：如果你试图逃跑，法老的士兵就会追捕你、殴打你，甚至杀了你。你还要尝试吗？

如果你是法老的士兵，当你看见一个奴隶试图逃跑，你会怎么做？

也许你很同情奴隶，希望可以放他回家，可是你也知道这是违反规则的。其实，你也觉得这条规则不合理，也许会想："我可以假装睡着了，什么都没看见。"

然而，你应该知道，在值守的时候睡着也是违反规则的。如果被一个管事的官员抓住，他会向法老报告，举报你在值守的时候睡着，或者故意放跑一个奴隶。法老知道后可能会很愤怒，他会把你贬为奴隶，甚至杀了你。但是，如果你遵守规则，抓住奴隶，法老可能会提拔你，还会给你涨工资！那么你还会放跑那个奴隶吗？

如果你是那个管事的官员，看见一个士兵放跑一个奴隶，你会怎么做？

也许你认为这个士兵很善良，不希望他受到惩罚。但是你知道这是违反规则的，也知道上报违规行为是你的职责。"我可以装作没看到，或者忘记了。"

规则规定，官员的工作就是监管一切，并向法老汇报。此外，

法老还命令你尽快完成新城的建设工作。如果奴隶逃跑了，新城里这些建筑就无法完工，法老会大发雷霆，你的职业生涯可能会就此终结。

此外，一旦人们不再遵守他们不喜欢的规则，就不知道哪里才是个头儿了。一个士兵无视一条规则，放跑一个奴隶，那么下一次这个士兵可能还会无视另一条规则，比如在战争中当逃兵，或者把国家机密卖给敌人。所以，你会向法老告发这个士兵吗？

如果你是法老——你会改变规则吗？

也许你认为奴隶制很糟糕，不想惩罚那些违反规则的人。但是你又担心如果突然改变规则，不知道会发生什么。毕竟人们花费了上百年的时间才建立起古埃及这样的王国，并促使上百万人一起高效地工作，这里面的每条规则都有其存在的理由。

如果你突然改变了规则，人们可能会感到无所适从，他们可能会拒绝交税，士兵可能不再听从命令，没人愿意建造城市、大坝和运河……结果可能是一片混乱，整个王国都可能会崩溃！甚至可能会有成千上万的人死于战争、洪水和饥荒。而这些，都是你自作聪明的后果。

大家都明白人们遵循的规则非常不公平，然而，想改变它们也并不容易。你还想改变规则吗？

饼干是如何碎的

建立像古埃及那样的王国，需要很多人遵守很多规则。不只是奴隶、士兵和官员，所有人都要遵守规则。例如努力工作，多生孩子，缴纳赋税，做国王命令你做的任何事情。如果人们都遵守规则，王国就有了秩序；一旦规则被破坏，王国就会大乱。

让每个人都遵守规则并不容易，尤其有些规则是非常不公平的。这些规则：使一部分人变得富有，而另一部分人变得贫穷；富人家的男孩可以去上学，富人家的女孩只能待在家里，而穷人家的男孩和女孩都要在地里干活儿。人和人之间的这种差异与自然法则毫无关系。导致一部分人变成奴隶和导致女孩被禁止上学的主要因素不是地心引力，而是人类发明的规则！

假设男学生佩皮在街上遇到了一个叫玛特的农家女孩。

"你要去哪里？"玛特问。

"我要去学校学习阅读和写作，"佩皮回答，"我长大以后会成为一个重要的官员！"

"哇！"玛特惊叹道，"我也想上学，也想成为重要的官员。但是我不得不下地干活儿，我们今天要收洋葱。为什么咱俩不

能交换一下，我去上学，你来收洋葱？"

"抱歉，"佩皮说，"这就是规则。我爸爸是富有的官员，所以我可以上学。你的父母都是穷苦的农民，所以你要收洋葱。即使你的父母都很富有，但你是个女孩，你也不能上学！我有3个姐妹，她们都没能上学。"

"这太不公平了！"玛特喊道，"谁发明了这些规则？从来没有人征求过我的意见。"

"不要怪我，"佩皮说，"我只有10岁，规则也不是我制定的。我出生的时候就这样了。就像大人总说：饼干就是会碎的，生活本就如此。"

"那么这块饼干显然是偏袒你的！"玛特怒气冲冲地说。

禁止触碰

还有很多地方的规则甚至比古埃及的还要严格。在古印度，有一群人被称作"达利特"，他们忍受着许多可怕的规则。这些规则禁止其他任何人和达利特交朋友，达利特也不能触摸甚至不能靠近其他人。

在古印度，达利特被迫从事那些人们认为肮脏的工作，例如清扫和收集垃圾。这些其实是非常重要且困难的工作，但是达利特从中获得的收入非常少，他们穿着破衣烂衫，并且食不果腹。没有人愿意和他们做邻居，他们不得不把自己的小破窝棚搭在镇子或村庄的外面。

达利特的孩子不能上学，不能学习阅读和写作；其他孩子从

不邀请达利特的孩子去家里玩，也不和他们一起吃饭，更不和他们交朋友。

可以说，人们是在欺压达利特。然而，他们对另一个群体——祭司，又展示了极高的尊敬。这些祭司被称为"婆罗门"。婆罗门通常非常富有，锦衣玉食。他们从事最好的工作，比如在宏伟的神庙里供职，或者计算每个人应该交的税。他们家里的男孩可以去学校上学。这些婆罗门男孩觉得自己比其他人好，当然也比达利特的孩子好。如果一个达利特女孩在街上碰到一个婆罗门男孩，她根本不敢和他说话。

你是怎样成为达利特的呢？很简单：规则规定，如果你的父母是达利特，那么你也是达利特。没有人会问"你长大后想成为什么样的人"，这个身份和你的天赋、志向都没有关系，你生来就是要穿着破衣烂衫去扫厕所的。

如果你的妈妈是达利特，而爸爸是另一种人——比如婆罗门，情况又会怎样呢？你可以选择自己的人生吗？很简单，这种情况根本不会发生，因为有另一条规则规定：祭司永远都不能和达利特结婚生子。

如果一个达利特男孩爱上了一个祭司的女儿，会发生什么？那只能说太不幸了……没有人在乎你的感情，你必须遵守规则。

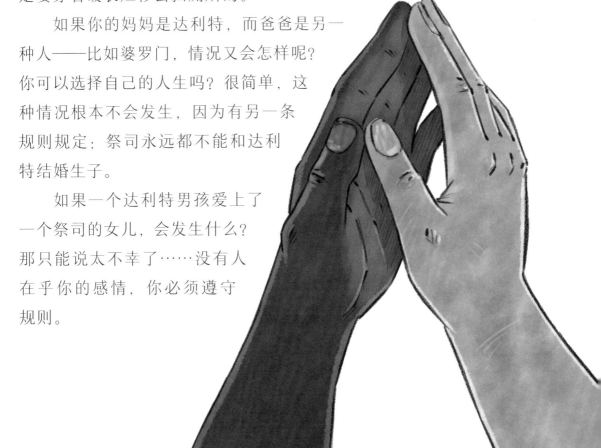

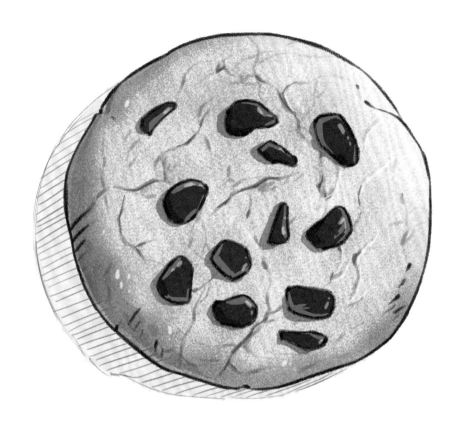

谁想要礼物?

那么，人们为什么遵守了这些规则?

说服人们遵守规则的一种方式是给他们奖励。比如，如果你按照父母的要求去做，他们可能会奖励你一块饼干。但是这个方法有一个大问题：没有足够的奖品可以发给每一个人。如果你的父母每天都在你写完作业后给你一块饼干，在你去倒了垃圾之后再给你一块，看你乖乖闭嘴嚼了前两块饼干而奖励你第三块……那他们需要很多饼干!

还有那些你没有做的坏事呢? 你本可以每天做 100 万件坏事，但是你没有做。你没有掐你弟弟，没有把自己的袜子扔在客厅，也没有弄坏电视机……他们需要每天奖励你 100 万块饼干吗?

在古埃及，法老面临同样的问题。假设每一个官员或士兵做一件对的事情，法老都要奖励他们一块麦田，那么整个古埃及很快就会没有麦田了。

可以这样认为：在人们每次遵守规则的时候都给予奖励是行不通的。

谁来监督监督者？

另一种使人们遵守规则的方式是惩罚违反规则的人，这和农民控制牛、马等家畜的方式如出一辙。如果家畜不服从，就会被关在笼子里，被绳子拴起来，甚至还会被抽打。

国王通常会对农民做一模一样的事。如果一个农民偷了邻居的鸭子，国王就会派士兵去抓这个小偷儿。士兵把小偷儿绑起来揍一顿，或者关进监狱。这个做法有时很有效果：其他农民看到小偷儿的遭遇，再想偷别人东西时就会三思而后行。

然而，单纯依靠惩罚，你永远无法掌控所有人。如果你是国王，如何才能得知一个农民偷了一只鸭子？你不可能时刻都盯着他们——你住在位于都城的豪华宫殿里，而他们住在位于偏远村庄的泥坯房子里。

你可以给每间泥坯房子都安排一个士兵驻守，监督住在那里的人们——然而这其实非常困难。首先，你去哪里找这么多士兵？其次，你如何保证这些士兵自己不违反规则？假设你的父母出门了，不能看着你，他们告诉你姐姐："你留在这里，帮我们看好一切。"但他们如何确保你姐姐自己不会打破规则？

对士兵来说也是一样。如果国王给每间屋子都派一个士兵，监督人们不去偷邻居的鸭子，那他是否需要派第二个士兵来监督第一个士兵不偷鸭子？谁又能保证第二个士兵不会干任何坏事？

这个问题在整个历史进程中都困扰着智者。他们经常问自己："如果我们靠守卫来维持秩序，那谁来监督这些守卫？"最后得出结论：仅仅依靠惩罚，永远无法保证秩序。

权力的秘密

不论是在家庭还是在王国里，维持秩序的唯一方法就是让人们自发地遵守规则，而不是依靠奖励或者惩罚。那么，人们为什么这样做？因为他们相信规则。这就是每一个成功的秩序背后的秘密：人们遵守规则是因为他们相信规则。

是什么让人们相信规则呢？更重要的是，是什么原因让穷人、奴隶和达利特都相信那些使他们生活如此凄惨的规则？

答案就是故事！你可能觉得讲故事没有什么用，但事实上，这是人类拥有的最强大的力量，是我们的神秘超能力！一个好的故事讲述者通过说服人们相信规则，可以更高效地完成 100 个士兵的工作。

早在古埃及崛起之前，甚至在农业革命之前，人类就开始依赖故事。数万年前，人类已经开始利用故事把几个小群体联合成一个大的部落，还制定了每个部落成员都遵守的规则。这使人类变得非常强大，也帮助他们战胜了所有其他动物。

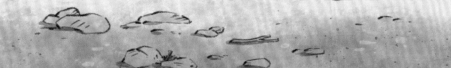

狮子和狼有时候能够合作，但是只能在少数的同伴之间合作。让 1000 头狮子一起做一件事情是永远都不可能的，因为狮子不会讲故事。而当一个故事激励 1000 个人建立起一个部落时，这个部落就比任何狮群或狼群都要强大得多。一个拥有好故事的人类部落，是当时世界上最强大的存在。

　　在农业革命之后，祭司和首领通过讲故事说服人们努力工作、修建神庙和守卫城墙。当村庄发展为城市，部落扩张成王国，故事也在不断完善。小部落可以用小故事来管理，如果要创建一个大的王国，就需要一个宏大的故事。

　　每一个大的王国都有着各自宏大的故事，这个宏大的故事将王国所有的规则全部合理化。如果人们相信这个故事，他们就会相信这些规则。虽然这些规则让他们痛苦不堪，同时也没有士兵监督和惩罚他们，他们还是会遵守这些规则。

羽毛和食心兽

为一个王国讲述宏大的故事是一项非常重要的工作。国王本人忙着治理国家，并不能把时间都花在讲故事上，他依赖一群特定的人来帮他讲故事，这群人就是祭司。

每个王国的祭司都会创作各种各样宏大的故事。其中最广为流传的是关于创造了世界、制定了世上所有规则的那些伟大的神的故事。尽管不同王国里的祭司可能讲述得略有不同，但是全世界的祭司都会讲这个故事。古埃及的男学生佩皮，可能在他的学校里听到过下面这个版本。

"很久很久之前，"佩皮的老师说道，"世上原本什么都没有，是伟大的神创造了一切。他们创造了太阳、月亮和尼罗河，还创造了树木、动物和人类。"

"他们也创造了蜘蛛吗？"一个害怕蜘蛛的孩子打断了老师的讲述。

"是的，包括蜘蛛。说话前要举手，否则我要打你手板了！"

"对不起，老师。"

"我刚才讲到哪里了？对了，伟大的神创造了一切。他们创造了农民、士兵、祭司和奴隶，并指定了一位伟大又智慧的王——法老，来统治整片土地。伟大的神制定了每个人必须遵守的规则，他们将这些规则告诉了最重要的人物——法老和祭司。然后，法老和祭司将这些规则传达给其他所有人，甚至把规则写成书，这样就不会有人忘记规则。"

　　害怕蜘蛛的孩子这次举起了手，但是老师无视了他，继续讲道："如果人们遵守规则，神感到满意，就会保佑埃及免受洪灾、旱灾、饥荒和敌人的侵扰；如果人们违背规则，神就会发怒，降下灾难惩罚埃及。"

　　"比如蜘蛛？"

　　"不是的！你再多说一句关于蜘蛛的话，我马上就给你一只！——神会降下更大的灾难，比如洪灾和旱灾。神不仅会奖励和惩罚整个埃及，还会奖励和惩罚个人。"

　　老师看着那个害怕蜘蛛的孩子，继续说道："你死后，神会取出你的心脏，把它和一片羽毛分别放在一个天平的两端。如果你在一生中都遵守规则，你的心脏就会比那片羽毛轻，神就会让你进入一个美妙的地方，那里被称作天堂。但是每当你违背规则时——比如在课堂上不举手就说话——你的心脏都会变重一点点。如果你的心脏比那片羽毛重，就不能进入天堂。"

　　"那么我会去哪里呢？"那个害怕蜘蛛的孩子胆怯地问。

　　"哦……"老师说，他压低了声音，"如果是这种情况，就会有一个可怕的恶魔来吃掉你的心脏。这个恶魔叫'食心兽'，他的脑袋像鳄鱼，前腿和胸膛像狮子，身体的后半部分和后腿像河马。如果你一生中违反了过多的规则，食心兽就会把你的心脏吃掉。"

117

害怕蜘蛛的孩子开始哭泣，佩皮和其他孩子都吓得瑟瑟发抖。老师把这个故事讲了一遍又一遍，每当这些男孩听到这个故事，他们就会特别努力地遵守所有规则——没有人想被食心兽吃掉心脏。

这个关于神、羽毛和食心兽的故事非常重要。如果没有它，古埃及王国可能无法建立。这个故事本身并不是真的：世上并没有食心兽吃死人的心脏，也没有神保佑古埃及免受洪灾、旱灾和饥荒的侵袭。但是，人们如果相信这个故事，并遵守规则，他们就会努力工作，合力开凿运河、修筑大坝和建造粮仓，这些成就确实能够保护他们免受洪灾、旱灾和饥荒之苦。

每个故事都有阴暗面

即使这个宏大的故事并不是真的，但是人们相信它，就可以确保王国的稳定运行。这个故事也有阴暗的一面，它为所有不公平的规则辩护，而这些不公平的规则让很多人痛苦不堪。

听过食心兽的故事之后，佩皮对农家女孩玛特的任何抱怨都失去了耐心。如果她抱怨埃及的规则不公平，他就会打断她，说："小心点儿！这些规则是伟大的神创造的。你觉得神是不公正

的吗？你知道如果你违反规则会怎样吗？你的心脏会被食心兽吃掉！真的——我在学校学到的！"

"啊，不！"玛特喊道，她吓坏了。

"不要担心，"佩皮安慰她，"神也是爱你的！他们让你成为农民，并交给你一项非常重要的任务：耕种，收获粮食，养活所有人。如果你遵守规则，勤恳地完成你的工作，你的心脏就会比羽毛轻，你就能在天堂里享受永生。这是个非常不错的约定，你觉得呢？"

"听起来还不错，"玛特表示赞同，"好了，我得赶紧走了，我不想迟到——我们今天要收大蒜……"

食心兽的故事帮助古埃及人建立了他们的王国，还使得古埃及的穷人也愿意遵守规则。当然，并不是所有的穷人都相信这个故事，相信它的人占了大多数——毕竟他们身边的所有人，包括他们认识的重要人物，似乎都相信这个故事。

巨人的嘴

在古埃及之外，很少有人相信食心兽的故事，甚至很少有人听说过。"食心兽？拿你的心脏和羽毛比重量？胡说八道！"但是他们相信其他故事。例如，当一个婆罗门祭司想要说服婆罗门学生相信古印度的规则时，就会向他们讲述一个神和巨人的故事。

"起初，"婆罗门祭司讲道，"世界上没有人，甚至也没有太阳和月亮，只有一个名叫普鲁沙的巨人。"

"可怜的巨人,"一个男孩说,"他肯定会觉得非常无聊吧。"

"没错儿,太无聊了!"祭司赞同道,"为了让世界变得有趣,神把普鲁沙的身体分割成很多小的部分,普鲁沙的眼睛化成了太阳,普鲁沙的大脑化成了月亮。神决定再创造一些人类,他们用普鲁沙的嘴创造了一批人,这些人非常聪明,擅长演讲和讲故事。你们知道这些人是谁吗?"

"知道!"所有学生一起说,"就是我们,婆罗门!"

"是的,"祭司微笑着说,"那么,神用普鲁沙那肌肉发达的手臂创造了什么人呢?"

"武士!"学生们一起喊道。

"那普鲁沙的大腿呢?"

"商人和农民!"

"你们真是太聪明了!这些答案你们都知道。最后,神把巨人的双脚——身体最底部、最肮脏的部分——也变成了人。这些人是谁呢?"

"仆人!"学生们一起答道。

"对!"祭司的喜悦溢于言表,他为所有学生都能记住这个故事而感到非常满意,"所以说,不同的人是由巨人身体的不同部位创造的。身体的不同部位有不同的功能,这就是为什么不同的人要从事不同的工作。身体的每个部位必须行使它特定的功能。如果双脚说'我们厌倦了走路,我们也想说说话',或者胃说'我也厌烦了每天消化食物,我想看看世界'——身体会怎样?"

学生们想了一会儿,他们不确定该如何回答。这是个陷阱题吗?最终,最聪明的那个男孩说:"身体会散架。"

"没错儿!"祭司说,"对王国来说也是如此。如果所有的

农民都停止耕种，开始整天讲故事，或者负责收集垃圾的人突然都变成了祭司，王国就要瓦解了。因此，每个人都应该做好自己的工作，并乐在其中。"

祭司随后告诉了学生们一件更重要的事情："人死后会投胎，你下辈子的命运取决于你这辈子的表现：如果你遵守所有的规则，并毫无怨言地做好自己的本职工作，下辈子就会出生在一个更好的地方。"

"什么，比如婆罗门？"男孩们笑道。

"是的，是的。即使你是一个仆人，只要你遵守所有的规则，你就会投胎为一个富有的婆罗门祭司！当然，如果你违反规则，即使你原本是一个婆罗门，你也会投胎为一个贫穷的仆人。"

男孩们笑不出来了。他们不想自己有一天会变成仆人。

"怎么样，你们看到了吧，"祭司总结说，"一切都很公平。那些有钱和有权的人，只是因为他们上辈子表现良好，获得了回报；贫穷的仆人只是因为他们曾经的恶劣行为而受到惩罚。其实，仆人也有充足的理由去遵守所有规则：如果他们遵守规则，下辈子就会投胎重生为婆罗门！"

这就是婆罗门祭司向所有人讲的故事。祭司不仅向婆罗门学生讲，还向所有的武士、农民、仆人和达利特讲，达利特的地位比仆人还要低。于是，所有人——包括一部分仆人和达利特，都相信这些规则是公平的，是应该遵守的。即使在今天的印度，仍然有人相信这些故事是真的。

你有没有听说过其他类似的故事，可以使不公平的规则合理化？

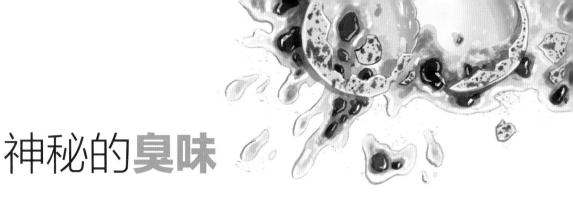

神秘的**臭味**

有一些宏大的故事除了能让不平等的规则合理化之外，还具有其他功能——教人对某些东西感到厌恶。厌恶是最基本的感受之一，每个人都会有这种感受，甚至动物也有。你通常会厌恶让你生病的事物，如腐烂的食物或呕吐物。然而，你在刚出生的时候，并不知道什么是厌恶。小孩子学习厌恶事物的方式，就是把各种东西塞进嘴里，如果有什么东西的味道很糟糕，或者使他们感到反胃，他们以后就会避开这种东西。

有时候，你可能意外地会对好东西感到厌恶。例如，你吃了一根香蕉，之后开始胃疼，你的身体可能认为是这根香蕉导致了胃疼，你就会开始讨厌香蕉，甚至只是闻到它的气味也会不舒服。

除了糟糕的味道和胃疼之外，你还会从父母那里学习厌恶事物的经验。如果你的父母不停地说："不要挖鼻孔，不要吃鼻涕——这太恶心了！"当他们说了1000遍之后，你开始认同吃鼻涕是一件恶心的事情……如果你的朋友这么做了，你就会冲他喊："恶心！你真是太恶心了！"

在整个历史进程中，大人也会告诉孩子，有些特定的人群是令人恶心的。富有的父母通常会告诉他们的孩子："不要和仆人家的孩子玩！他们又脏又臭，还带着各种病菌。他们很恶心！"

在听过1000遍之后，这些富有家庭的孩子真的开始觉得仆人家的孩子恶心。如果他们看见自己的弟弟和仆人家的孩子一起玩，或者一起吃

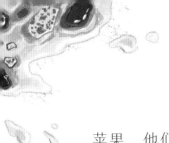

苹果，他们也会吼道："你在做什么？！真恶心！"

这些还不是全部。人们还发明了一个代表洁净和美丽的新概念。他们描述了一种你看不到的神秘的美——只有神才能看到，他们称之为"纯洁"。纯洁的人在神眼中是美的。这也意味着还有一个新的概念来描述丑陋、肮脏和难闻。这种神秘的臭味，你当然是闻不到的，但是神却可以。他们把这种臭味称为"不洁"，如果你不洁，伟大的神就会认为你很恶心。

作为人类，你无法用自己的眼睛看到纯洁，也无法用自己的鼻子闻出不洁。那么，怎样才能分辨谁是纯洁的，谁是不洁的呢？你只需要相信你的父母和老师，祭司会把上帝传达的信息告知他们。

古印度的祭司告诉所有人："婆罗门是纯洁的，达利特是不洁的。如果他们混在一起，婆罗门也会变得不洁。如果你拥抱一个满身污秽的人，你也会变脏；如果你拥抱一个不洁的人，就会被他玷污。"

重复很多遍之后，人们就相信了。如果一个婆罗门看到一个达利特在拿着杯子喝水，那么只是想象一下从同一个杯子里喝水就会使这个婆罗门感到恶心。达利特即使用香皂把浑身上下洗了三遍，并换上干净的衣服，仍然会被认为是不洁的。婆罗门害怕达利特的靠近，担心自己会被玷污。

类似的故事在世界各地都在流传，而且不仅仅是在古代。在美国，很长一段时间里，白人都认为黑人是不洁的，是污染的来源。

黑人被禁止与白人在同一个餐厅吃饭，在同一个旅馆睡觉或者在同一个学校上学。法律也禁止黑人和白人结婚。如果一个黑人男孩想和一个白人女孩约会，白人会非常生气，甚至有可能为

此杀了这个男孩。幸运的是，今天的大多数美国人已经不再相信黑人不洁这种糟糕的故事，今天的黑人男孩和白人女孩如果相爱，他们可以结婚，然后幸福地生活在一起。

到了今天，依然有很多类似的糟糕故事在流传。你有没有听过这样的故事？故事告诉你有些人是不洁的，是又脏又臭的，你不要和他们一起玩，也不要吃他们的食物。

男孩和女孩

并非所有的国家都有达利特这样的群体。然而，每个国家都无一例外地存在这样一群人，而且这群人几乎都受尽这些关于纯洁和不洁的糟糕故事的折磨。这群人构成总人口的近一半。显然，我们说的就是女性。

全世界各地的许多祭司和老师都说女性有一种神秘的臭味，是神不喜欢的。祭司声称这就是神不愿意与女性对话的原因。只有男性是纯洁的，能与神对话并向人们传达神的指示。

这就使得很多对女性不公平的规则合理化。这样的规则在很多国家存在了上千年，在有些国家甚至存续到了今天。女性被认为是不洁的，她们不能成为祭司，不能阅读神圣的书本。如果她们这么做了，神会感到厌恶。基于同样的原因，女性不能上学，也不能成为法官，更不能成为统治者。

在有些地方，女性甚至不能单独出门。如果一个女孩想出门，她必须和她的父亲、叔伯或兄弟一起。如果他们拒绝，女孩就必须待在家里。

如果女性不能成为祭司或统治者，甚至不能独自出门，她们应该做什么呢？她们必须按照男性的命令做事情。事实上，在不少地方的规则中，女性都是男性的财产。

大约在山羊等动物变成财产、有些人类变成奴隶的同时，女性也变成了一种财产。在许多王国都有规则规定：女儿是其父亲的财产，姐妹是其兄弟的财产，妻子是其丈夫的财产。

在那个时候，如果一个女孩喜欢一个男孩，能不能和男孩约会这件事情可不是由女孩自己决定的。女孩和谁约会、和谁结婚，她自己可无权决定，这必须由她的父亲或兄弟决定。

如果是一个男孩喜欢一个女孩，并想和她结婚的情况呢？那么男孩不会直接约她本人，而是要去约她的父亲。男孩必须说服女孩的父亲同意这门婚事，因为女孩的父亲被视为女孩的主人。那时结婚就像是买车，如果你想买一辆车，你不用说服那辆车，而是要说服那辆车的主人，对吧？

这个男孩如何才能说服女孩的父亲同意这门婚事呢？也许他会向女孩的父亲许诺一些事情，例如："我用10只羊换您的女儿！"如果父亲同意，那就不论女孩的意见如何——即使她一点儿都不喜欢这个男孩，她也不得不和他结婚。

一旦结婚，她就不再是她父亲的财产了。她现在成了她丈夫的财产。在很多古老的语言里，例如希伯来语，"丈夫"和"主人"是同一个单词。

难怪很多父母重男轻女。如果发生饥荒，父母没有足够的食物喂养他们所有的孩子，有时就会把最后的面包给男孩吃，而让女孩继续挨饿。

比鬼怪和税
还可怕

所有关于纯洁和不洁的故事都不是真的，那种只有神能闻到而人闻不到的气味根本不存在。然而，故事并不需要是真实的才有用，只要能说服足够多的人遵守规则就可以了。

如何才能使人们相信这些故事呢？一个重要的方法就是一遍又一遍地重复这些故事。一个故事如果只讲一遍，那它就只是一个故事；如果你把它讲了1000遍，人们就开始认为它是真的。

大人通常会相信他们国家的宏大的故事，因为他们已经听过太多遍了。那么孩子呢？他们出生的时候什么故事也不知道。这就是为什么大人要专门花时间和精力给孩子讲那些宏大的故事。在古埃及，孩子一遍又一遍地听着食心兽的故事；而在古印度，大人会向孩子重复巨人普鲁沙的故事。

大人不是故意向孩子撒谎的。在古埃及、古印度和其他王国，大人都虔诚地相信他们给孩子讲的是真的。他们相信那些宏大的故事，因为从他们还是孩子的时候就听了无数遍。他们相信那些故事，因为除了鬼怪、税和官员之外，还有更可怕的事情。大人害怕未知，他们宁可讲述诡异的故事，也不愿意坦率地承认自己不知道某事。

看见故事

　　大人不断地重复宏大的故事，这些故事能使他们感到安心。如果有人怀疑他们的故事，大人就会很恼火。因为怀疑会使他们感到非常不安。

　　当然，只靠语言讲述故事还不够。如果人们真的要相信这些故事，他们必须看到故事在生活中真实发生。例如，也许某一天佩皮和他爸爸凯提走在街上，一个衣着破烂的奴隶从街对面向他们走来，凯提一把推开那个奴隶，然后冲他吼道："让开，你这个肮脏的奴隶！"

　　过了一会儿，一个穿白袍的祭司向他们走来，凯提礼貌地向他致以问候："早安，尊敬的阁下！"

　　突然，凯提看到一辆金色的战车向他们驶来，战车周围有士兵护卫。"啊！法老来了！"凯提叫道。他抓住佩皮的胳膊，一起跳向一边，并趴在地上。"低下头，"他小声地对佩皮说，"无论发生了什么，都不要抬头看！没有人胆敢直视法老的脸！"

　　当他们回到家时，佩皮就完全弄明白了古埃及的故事：法老在顶端，接着是祭司，他和家人在中间，而奴隶在最底端。这次，他不只是听到这个故事了，他还亲眼看到了。

先迈右脚

你发现了吗？每个故事都有一些最重要的部分是看不见、摸不着的。佩皮和其他学生从来没有真正见过那只食心兽，婆罗门和达利特从未在街上碰到巨人普鲁沙。至于那些创造了世界的神，人们虽然总在谈论他们，但谁又能知道这些神是真实存在的而不是想象出来的呢？

为了解决这个问题，国王让祭司组织了一些仪式。在仪式上，他们用一些人们看得见、摸得着的东西，让人们相信这就是自己在故事里听到的那些想象中的事物。假设一个祭司向城邦里的人讲述了有关神创造世界并制定规则的故事，但他并不能向人们展示这位神，对吧？那么人们怎么知道这一切不是祭司自己编出来的？于是，祭司就组织了一场仪式。

祭司可能会把一尊美丽的神像放在一座雄伟的神庙里，然后他会说："你来神庙就能看到神，但是你必须表现出诚意。首先，你必须把全身上下洗干净——包括耳朵背后！其次，你必须穿上你最好的衣服，并为神送上一份不错的贡品。"

"比如说？"人们问道。

"比如一块点心、一只山羊，或者一件上好布料做的斗篷。"

"没问题，"人们说，"我们会带一块点心。"

"等等，这还不够，"祭司说道，"你必须把鞋脱在神庙外面，光脚进入神庙。还有，进门的时候一定要先迈右脚！当你看到神的时候，要跪下，叩拜三次，然后唱我们的圣歌。接着，站起来向前走七步，再跪下，叩拜七次。之后，再重复同样的动作。记住，向前走不要超过七步。

128

当你走到神面前时，你可以触摸他的双脚，但是不要碰他的手和脑袋！那是绝对禁止的！"

"好吧，"人们说，"这可不容易。但是为了见到神，也是值得的。接下来我们就可以和他交谈了吗？"

"当然了，"祭司答道，"当你触摸他的脚时，你可以向他祈祷，向他请求你想要的任何东西，比如降雨或治愈疾病。但是当你离开时，千万不要背对神。你必须面向神，全程后退，再跪下，叩拜一次。最后，离开神庙时也要先迈右脚。明白了吗？"

这些复杂的指示使人们觉得拜神是非常特殊的事情，他们不能每天都做这件事。他们也许只在重要时刻来到神庙，比如在家人生病时来寻求神的帮助，或者在一个孩子出生时来神庙庆祝。

小孩子并不理解这些复杂的仪式，他们有时候会犯错误——比如忘了清洁耳朵背后，进入神庙时先迈了左脚，或者在唱圣歌的时候笑场。但是每次他们做错都会被父母责骂，久而久之，他们就明白了把仪式的每一个环节都做对有多么重要。

某种力量

你可能会疑惑这一切的意义是什么。显然，那尊神像只是一块可能镀了金或者银的木头，它和其他用木头做的东西——如一把椅子，并没有很大的区别。但是你不需要每次坐椅子之前都清洁你的耳后或脱鞋，也不会对着你的椅子唱歌，对吗？

一遍又一遍地重复仪式让人们相信那尊神像与一把椅子完全

不同，相信它非常非常特别。人们觉得在看见和触摸那尊神像时，就是在某种程度上看见和触摸了神。

这样，当别人问他们如何确信神的存在时，他们会回答："你说什么呢？我昨天还在神庙见了神，并和他进行了长谈！他帮我实现了愿望！我昨天祈求下雨，你看，现在不就下雨了嘛！"

"我上周去神庙祈求我儿子的病好起来，可是他现在还病着呢！"

"那可能是你哪里做错了！比如你进入神庙的时候先迈了左脚？"

这就是仪式的作用，它使得人们相信一件事物在某种程度上就是另一件事物。比如一块镀了金或银的木头，在某种程度上就是创造了整个宇宙的神。

国旗和 T 恤衫

你可能认为"相信神庙里的一块木头在某种程度上就是神"这种想法很荒唐，其实你自己可能也有一些仪式——每个人都有。嘲笑别人的仪式也许很轻松，但是如果别人嘲笑了你的仪式，你就会很生气。

仪式使我们相信那些宏大的故事，

130

正是那些故事把社会凝聚在一起，它们在今天和在古代同样重要。例如，今天的社会中，很多国家的人们对自己的国旗有着强烈的情感。国家和神有个共同点，那就是都看不到也摸不着。正如古人制作神像让每个人都相信神的存在，现代人会制作国旗来使每个人都感受到国家的存在。

每个国家都有自己的国旗。在过去的几百年里，国旗的形式多种多样，而今天的国旗看上去却非常相似：长方形的布，布上有不同颜色的条纹、星星或各种几何图形。国旗可以用非常普通的布料（如T恤衫的布料）制成，而人们会举行各种仪式来赋予国旗神圣感。在有些学校，每天早上都要升旗。在早上第一节课开始之前，学生在广场上集合，风雨无阻！他们看着国旗缓缓升起，向它敬礼，可能还会唱国歌。

人们通常会在重要的建筑上悬挂国旗，比如在学校、警察局和体育场馆。还有许多人在自己家门口也挂上一面国旗。当有重要的事件发生——比如国家足球队赢得世界杯时，每个人都挥动国旗。当士兵奔赴战场，他们通常也会扛着国旗，很多士兵会为了避免他们的国旗落入敌手而牺牲。

通过参与各种仪式，你就会开始觉得，在某种程度上，看到国旗就相当于看到了自己的祖国。

有的人也有自己的仪式。例如，你也许有一件幸运T恤衫，它和你其他T恤衫的面料是一样的，但是这一件对你非常特别。你把它放在一个特殊的抽屉里，很少穿它，只把它留给特别的场合。

当你要参加一场非常难的数学考试，便在前一天晚上取出你的幸运T恤衫。穿它的时候，你总是先穿右边的袖子。如果不小心先穿了左边，那一切都完蛋了！你穿它的时候还要哼一首特定的小曲。你可能还会确保只在星期天洗它——如果在其他日子洗了它，幸运就会被洗掉。

你穿着幸运T恤衫去参加数学考试，如果你考了个好成绩，你就会想："哈哈，穿这件T恤衫果然有用！它真的很厉害！"如果你没考好，你就会想："糟了，我肯定是穿的时候先穿了左边的袖子，要不就是我哼错了曲子，或者我爸爸这次是周一洗的衣服！我要是再小心一些就好了！"

如果你一遍又一遍地这么做，那件T恤衫就不再是一件单纯的T恤衫了，它变得非常特别。如果有人偷走它或者把它扯坏，你会非常难过。

三类事物

　　不论是在古埃及，还是在今天你的国家，国家的规则通常都依赖仪式和故事。没有故事，古代的王国和现代的国家都无法存在。事实上，最奇怪的是王国和国家本身就是故事。古埃及是佩皮、凯提、法老、祭司和古埃及农民都相信的一个故事；现代的国家也是故事，你的国家是你和你的父母、朋友、邻居都相信的一个故事。

　　人们很难接受国家其实是个故事……可它们又能是什么呢？

　　世上总共有三类事物。我们来看一看国家属于哪一类。

　　第一类事物是每个人都能看到、听见或者触摸的，比如石头、河流和高山。王国和国家不属于这一类，你并不能看到、听见或是触摸它们。想象当今某个强大的国家——比如美国，你听不见它，因为它不会发出声音。牛会哞哞叫，狗会汪汪叫……但是美国会发出什么声音呢？

　　你也无法看到或者摸到它。你可以看到和摸到美国的国旗，但是那只是一块有 13 道条纹和 50 颗星星图案的彩色的布。

　　可能有人会说，美国是那个国家所在的陆地。显然，你可以看到那片陆地，可以听见上面吹过的风声，甚至可以畅游在那里的河水中——比如著名的密西西比河。但那片陆地并不是美国。美国所在的陆地在约 2 亿年前就已经形成了，而人类直到 1.5 万年前才开始在那里定居。即使在人类到来之后，有 1 万多年的时间都不存在美国这个国家。那片陆地上曾有无数个像苏族那样的部落，以及像卡霍基亚那样的城市。卡霍基亚的市民当然也能看

133

到那片陆地、听见那里的风声，也能在密西西比河里游泳——但是他们从未听说过一个叫美国的国家。

美国直到约 250 年前才建立，并且那时密西西比河还不在其国土范围内！也许再过一两个世纪，美国这个国家会消失，但是那片陆地仍会在那里，那里的风仍然会吹，密西西比河还会继续流淌几百万年。

可以这么说，现代的美国和古埃及，以及其他所有国家，都不是每个人可以看到、听见或者触摸的事物，它们和陆地、河流并不一样。

只有你能感受到的事物

第二类事物是你可以感受到，但是别人看不到、摸不着的。这类事物存在于你的大脑中。

一个很好的例子是疼痛。当你的脚趾撞到桌腿时，你会觉得疼，只有你能感受到这种疼痛，而桌腿感受不到，你爸爸也感受不到。如果你疼得"哎哟"叫出了声，你爸爸可能会过来看一下发生了什么。这时你必须告诉他"我脚指头疼"，毕竟他自己没法儿感受到你的疼痛。如果他带你去看医生，医生也感受不到你的疼痛。她得问你："还疼吗？"全世界只有你能感受到自己的疼痛。

对于这一类存在于大脑中的事物，梦是另一个很好的例子。你是唯一一个经历自己梦境的人。如果你

姐姐看到你睡着了还挥舞着双臂，她怎么可能知道你是梦到了自己在游泳、飞翔，还是在指挥管弦乐队？

有些非常小的孩子会有一个假想的朋友，这是只有他们自己能看到和听到的人。也许你的小妹妹有一个这样的朋友，她甚至给这个朋友起了个名字，比如叫高高。她和高高聊天儿，和他一起玩，但是当她不再相信有这样的朋友之后，高高就会消失，因为其他人都看不到也听不到他。

古代的王国和现代的国家不像疼痛、梦境，也不像假想的朋友。即使你不再相信你的国家，它也不会消失，因为还有数百万人相信它。

共同的梦

那么，国家究竟是什么？它们不是像密西西比河那样能被所有人都看到和感受到的事物，也不是像梦境那样存在于人的大脑中、只有自己能看到和感受到的事物。

它们属于第三类事物：共同的梦。你对 100 万人讲一个故事，如果他们都相信了，就意味着他们做了一个共同的梦。

如果一个人不再相信其中一个共同的梦，并不会发生很大的改变。但是如果上百万人都不再相信它，这个梦就破灭了。

王国和国家并不是这种共同的梦的唯一例子。这样的梦还有很多，比如神和货币。没错儿，想象一下货币：美元是什么？你也许会认为美元是真实的，不是一个共同的梦。毕竟，你可以把 1 美元的纸币拿在手里，你可以看见它、摸到它，甚至闻到它的

135

味道。但是它其实只是印刷出来的一张纸，它本身不应该具有任何价值。当你感到饥饿时，你不能用美元烤出面包来；当你感到口渴时，你也不能从美元中榨出果汁来，对吧？

有意思的是，你去市场把1美元的纸币递给售货员时，他就愿意给你1袋面粉或1个菠萝，而用这些东西你就真的可以烤面包或者榨果汁了！这是为什么呢？因为有一个故事告诉大家，这张纸是有价值的，1美元在某种程度上就像1袋面粉或1个菠萝。关于货币的故事是世上最重要的故事之一。数以百万计的人相信它，所以那些纸就真变得有价值了。你可以用它们买到几乎任何你想要的东西——从菠萝到宇宙飞船。

如果卖水果的小贩突然不再相信美元的故事了，不接受你用它来支付，那也没关系，仍然有数以百万计的人相信它，你只需要去下一个摊位买菠萝就行。然而，如果所有人都不再相信美元了，它就会失去价值。那些纸仍然存在，但即使是100万美元也不一定能够买一个菠萝，你的100万美元最多只能当厕纸用了。

长久的梦

美元、美国和古埃及都只是梦，虽然这是事实，但这并不意味着它们不重要。实际上，这些共同的梦是世界上最重要、最强大的事物。多亏了它们，人类才能一起工作，建造城市、桥梁、学校和医院。

这些梦可以持续相当长的时间，甚至成千上万年。人有生老病死，但是他们的梦会得到永生，因为他们的子孙后代会继续做同一个梦。可以说我们都活在先人的梦里，是先人构想出了我们使用的货币、我们居住的国家，以及我们信仰的神。我们现在也可以构想出新的梦，如果有一天我们死了，未来的人们可能会继续活在我们的梦里。

人们为何而战

这些梦和故事都非常有用。如果人们不讲故事，也不一起做梦，我们的世界会完全不同：陌生人之间将无法合作，人类可能至今还是非洲稀树草原上一种不起眼儿的动物。古代王国里的人无法修筑大坝、水库和粮仓，今天世界上不会有国家、学校和医院，也不会有汽车、飞机和电脑。

梦和故事也可能会害人，使不公平的规则合理化，比如某些国家宣称男性比女性高等或者婆罗门比达利特高等的那些规则。有时，人们对一个故事投入了过多的感情，甚至会引发战争，造成数以百万计的人死亡。

你有没有想过，为什么世界上会有这么多战争？其他动物通常会因为食物或领地发生争斗。比如说，几只饥饿的黑猩猩想从无花果树上摘几个果子，但是他们发现旁边还有其他族群的黑猩猩可能会袭击甚至杀死他们。人类也为了食物和领土而战斗，但这不是唯一的原因。历史上有很多战争都是为了"那些故事"。

大约 1000 年前，欧洲的基督教牧师给教徒讲述了一个可怕的故事。他们声称自己收到了上帝的消息。"上帝说他在这世界上最喜欢的城市是耶路撒冷，"牧师解释道，"他很生气，因为这个城市现在被穆斯林统治，而不归基督徒所有。所以他希望基督徒集结起来，去中东征服耶路撒冷。上帝许诺，在这场战争中牺牲的基督徒可以进入天堂，在那里享受永生。"

有人对这个奇怪的故事感到难以置信。"等等，"一个老妇人说，"是上帝创造了整个世界，不是吗？"

"当然了。"牧师回答。

"所以他想做什么都可以？"

"是的。"

"而他想要耶路撒冷？"

"是的。"

"那他为什么不自己去抢夺呢？为什么他还需要普通人的帮助？"

"你看，"牧师说，"上帝其实非常聪明：这是一个帮助人们进入天堂的方法。上帝并不是真的想要耶路撒冷，他只是想给人们一个进入天堂的机会。"

"我不理解，"那个老妇人继续问，"如果上帝想让更多

人上天堂，谁会阻拦他呢？为什么他需要这场战争？他想做什么都可以，那他为什么不一开始就把所有人都送进天堂？"

牧师无法合理地回答这样的提问，于是他说："上帝十分聪明，不是你能够理解的！不要再问这些让人难以解答的问题了，按照他说的去做……否则你会下地狱的。"

与这位老妇人不同，大多数人都相信了自己听到的故事，并集结起来一路前往中东，试图征服耶路撒冷。这场战争持续了很多年，夺去了数百万人的生命，史称"十字军东征"。

(为女性投票)

解除**咒语**

　　十字军东征在几百年前就结束了，如今的大多数基督徒都很难理解当年先人为何会相信一个如此奇怪的故事，还愿意为此征战。事实上，他们对自己祖先的行为感到羞愧。

　　无论一个故事多么强大，也无论有多少人相信它，人们最终会意识到，它只是一个故事。人们可能陷在由先人编织的梦里，但是总有办法能出来。

故事有时候就是工具。它们可以非常有用，但是如果一个特定的故事带给人们的不是帮助，而是苦难，为什么不改变它呢？

　　每当有人给我们讲一些重要而又复杂的故事时，我们都不要忘了问一个关键性的问题："有人因为这个故事而遭受苦难吗？"如果我们能意识到一个故事造成了很多不必要的苦难，那么是时候发挥我们讲故事的超能力，对某个特定的故事做出改变了。

　　即使是人们长久以来相信的故事，也有可能在几年之内被改变。例如，在欧洲和美洲，有很多人长期以来都相信一个关于男孩应当如何行事的故事。"男孩必须坚强，"这个故事里说，"即使很难过也不能哭，再开心也不能跳舞；男孩只能穿裤子，绝不能穿裙子，也不能化妆；长大后，男孩必须争强好胜，这样才能吸引女孩，让最漂亮的女孩愿意嫁给他们。如果他们不遵守这些规则，他们就是'娘娘腔'，就应该受到非常严厉的惩罚！"

　　在好几百年的时间里，人们都相信这个故事，以至于如果他们发现自己的儿子是"娘娘腔"，比如他会在难过的时候哭泣，或是想化妆和跳舞，或是不想靠打斗吸引女孩的关注，他们可能就会勃然大怒。有些父母会打他们的儿子，或者把他逐出家门，仅仅因为他的行为和别的男孩不一样。

　　他们就像被邪恶的巫师施了一个强大的咒语，否则还有什么理由可以解释父母虐待或抛弃自己孩子的行为？而且，这个咒语看似永远都无法解除。

　　终于，有一些勇敢的人发挥了他们讲故事的超能力来对抗这个咒语，他们质疑旧的故事："如果一个男孩哭泣、跳舞，或者想和真正爱他的人结婚，而不是只追求最漂亮的女孩——这有什么问题呢？这样的男孩也没有伤害其他人，不是吗？因为残酷、暴力或仇恨这些坏事惩罚一些人当然是合理的，但是为什么要惩罚一个伤心的时候哭泣、开心的时候跳舞或者想与心爱之人结婚的人？"

　　好几个世纪以来，欧洲和美洲的人们一直相信"娘娘腔"是不好的，但是解除这个咒语、改变人们的观念，只用了几十年。当然，这并不容易，也需要巨大的勇气。

　　如果一个"娘娘腔"经常在学校里哭，或者化了妆去上学，或者说"等我长大了，我要自己决定和谁结婚"，学校里的其他孩子可能会嘲笑他，甚至殴打他。但是，即使在难过的时候会哭，也不喜欢和别人打架，并不意味着这样的孩子不勇敢、不坚强。相反，他们往往是非常勇敢、非常坚强的。

　　如果是20个孩子嘲笑或殴打一个孩子，这并不需要太多勇气，对吧？但是如果一个孩子拒绝和其他人一样，比如按自己的喜好穿衣打扮，这就需要很大的勇气。大多数男孩都不会这么做，但是有一小部分超级坚强的"娘娘腔"能做到。他们非常勇敢，他们的行为让人们开始反思那个奇怪的故事中关于男孩不能哭、不能跳舞、必须靠打架赢得女孩芳心的叙述。

　　当人们停止相信那个奇怪的故事，结果就会变成：即使是一些曾经欺负过"娘娘腔"的孩子，也有可能想变得像他们一样。他们对于男孩应当如何行事也有自己的见解。如今，在欧洲和美

洲的很多国家，男孩已经不再受那个古老故事的约束，可以按照自己的想法行事。男孩可以穿他们想穿的任何衣服，想哭的时候随时可以哭，想跳舞的时候随时可以跳舞，也可以自主决定和谁结婚。如今，人们对几十年前几乎所有人都相信那个没道理又害人的故事感到惊讶。

女性的故事

也许近些年来被改变的故事里最宏大的一个就是关于女性的。几千年来，全世界的人们都认为女性比男性低等，她们永远都不能成为祭司、老师，或者统治者。如果一个女孩问："你怎么知道女性不能做这些事？"人们就会回答："呵，你只需要看一下周围，没有女祭司、女老师，也没有女性统治者，对吧？这就说明了女性是不洁、愚蠢和软弱的！"

"太荒谬了！"那个女孩反驳道，"没有女祭司、女老师和女统治者,是因为规则不允许她们做这些！如果女孩都不能上学，她们怎么可能成为老师？"

不幸的是，这就是几千年来持续上演的场景。偶尔有个别女性成功地成为老师、祭司，甚至统治者——例如古埃及的克里奥帕特拉、俄国的叶卡捷琳娜大帝和中国的武则天——但她们只是非常稀有的个例。

即使到了今天，仍有很多宗教拒绝女性成为祭司，他们坚持认为女性是不洁的。但是在很多地方，情况终于开始发生转变，如今的女孩可以和男孩一样上学,也有很多女性成为老师或教授、

法官，有的女性甚至成为总统或总理，她们证明了女性和男性一样，可以管理好一个国家。

为了改写女性的故事，全世界有很多人做了很多勇敢的事情。其中有一人名叫马拉拉·尤萨夫扎伊，她于 1997 年出生在巴基斯坦的明戈拉。在她 11 岁的时候，她生活的城市遭到了名为"巴基斯坦塔利班"的恐怖组织的袭击。

"巴基斯坦塔利班"认为，神创造男孩的时候就使他们比女孩优越，如果女孩上学就会惹怒神。"巴基斯坦塔利班"禁止明戈拉的女孩上学，他们还烧毁了 100 所曾经接收女学生的学校！

马拉拉非常热爱学习，她决定继续去上学，尽管这对她来说很危险。她还决定公开反对"巴基斯坦塔利班"，她开始写博客讲述自己的生活，后来还接受报纸的采访，甚至出现在电视上。她呼吁应该允许女孩上学，她还说，没有神会禁止女孩学习——这只是一些暴怒的男性编出来的故事。她说女孩和男孩一样好，如果她们能够成为教师和医生，可能会对所有人都有帮助。

马拉拉做这些事情需要极大的勇气。她冒着生命危险，坚持向人们呼吁："一个孩子和一个老师，一本书和一支铅笔，就可以改变世界。"

在马拉拉 15 岁的一天，一名男子逼停了她学校的校车，走向她并掏出一把枪，朝她的头部射击。全世界的人们都对这场袭击感到震惊，并希望马拉拉可以康复。她成为当时世界上最出名的青少年之一。巴基斯坦有超过 200 万人联名请求女孩上学的权利，后来巴基斯坦议会将其写进了法律。

马拉拉从枪伤中恢复后，开始在全世界巡回演说，帮助世界各地的女孩接受教育。她写了一本关于自己生活的书，销量达数

百万册。她受到包括美国总统在内的很多政要的接见，还在她17岁的时候获得了一项国际大奖——诺贝尔和平奖，她是这个奖项设立以来最年轻的获奖者。

感谢像马拉拉这样的人，如今几乎所有国家都接受了女孩应该和男孩一样上学的观念。更重要的是，现代人显然认为那个关于女性的古老故事根本不是真的——这完全是无稽之谈。更大的问题是，为什么会有这么多人笃信一个如此荒唐的故事长达上千年？

兼听则明

故事是人类最伟大的发明，有了故事我们才能掌控世界。故事让我们比黑猩猩、大象和狗强大得多。然而，故事也可能成为我们最大的敌人，如果我们忘记它们是人类自己的发明，有可能会成为它们的囚徒。当几百万人都相信一个坏的故事时，那就像是陷在噩梦里无法逃脱。这样，人类就会面临一个大问题：如果我们盲目地相信我们听到的故事，可能会开始做一些可怕的事情，例如枪杀想去上学的女孩，或者在不必要的战争中让数百万人丧命。反之，如果我们停止相信所有故事，世界也不会变好，而是变得非常混乱。

没有一个简单的方法可以解决这个问题。在你长大的过程中，会听到很多故事，而成长的一个重要环节，就是学会分辨哪些故事应该保留，哪些故事需要改变，还有哪些故事需要抛弃。

在这方面，孩子相对于大人来说有一个巨大的优势，那就是他们还没有听过同一个故事太多次。如果你在 10 岁时听到食心兽或美元的故事，你可能会想："真的吗？不可能！那只是大人相信的一个奇怪的故事。"等到你 50 岁的时候，这些故事你已经听了几千遍，你还把它们讲给自己的孩子听，这时候要再改变你的想法就很难了。

因此，如果需要改变一个不好的故事，最好的方法是从孩子做起。

这意味着你肩负重大的责任，同时也手握极佳的机会。请记住，如果你不确定哪些故事需要改变，可以问自己这个重要的问题：这个故事有没有为人们带来苦难？

如果一个故事带来了很多苦难，那么你就需要警惕。最好的方法就是与被这个故事伤害到的人交流，请他们为你讲述他们的故事——敞开心扉，竖起耳朵，认真聆听。

当故事汇聚

现在你知道不公平是如何产生的了——你还知道了更多。你知道了为什么学校会有考试，玩泥巴如何改变了历史，以及为什么大人害怕税；你知道了狗如何成为我们最好的朋友，计划好的事情为何通常不按我们预期的发展，以及为什么有人像蚂蚁而有人像蚱蜢；你知道了如何听骷髅讲故事，谁是历史上第一个留下姓名的诗人，以及什么样的鳄鱼会戴首饰；你知道了为什么有些人成为国王而其他人被迫成为奴隶，以及为什么埃赫那顿法老可以指挥 100 万人，而这些人为什么要听令于他。

你知道这些不公正的安排与一些动植物有关。在数百万年的时间里，我们的祖先都是以小规模部落的形式生活，很少有人试图掌控其他人或事物。他们采集植物、捕猎动物，但是他们并不会控制植物和动物如何生长，也不会有一个人试图命令其他人如何行事。

但是在最近的 1 万多年里，人类建造了越来越大的城市和王国，人们的控制欲也变得越来越强。他们学会了掌控植物和动物，有一部分人还学会了掌控其他人。

你知道是故事促成了这一切，而故事也变得越来越宏大、越来越复杂。小部落靠小而简单的故事就可以维持，大王国则需要宏大而复杂的故事，里面有吃人心脏的怪兽、大脑化为月亮的巨人，以及只有神能闻到的神秘臭味。人们服从埃赫那顿法老这样的大国王，也遵守其他各种各样不公平的规则，都是因为他们相信这些故事。

这些故事在每个国家都不一样。埃及人遵守埃及的规则，因为他们相信埃及的故事；印度人遵守印度的规则，因为他们相信印度的故事；而中国人有不同的规则和故事，日本人也是如此。

如果一个埃及人遇到一个印度人，或者一个中国人遇到一个日本人，又会发生什么呢？来自不同地域的人们如何才能达成一致？不同国家的人们之间有没有共同相信的故事？还是他们之间只能不断争吵、战斗？

今天，你可以到世界上几乎任何地方旅行，而无论你去哪里，很多规则都是相同的。世界各地的人们都遵守同样的足球比赛规则，世界各地的人都可以用美元买菠萝，世界各地的人遇到红灯都会停车。这是怎么做到的？有些故事和规则是如何传遍整个地球的？

那么，这就是另外一个全新的故事了。

中美洲文字

奇普
(结绳记事)

印度河
流域文字

汉字

信息棒

农耕、畜牧与
文字的起源图

动植物的驯化

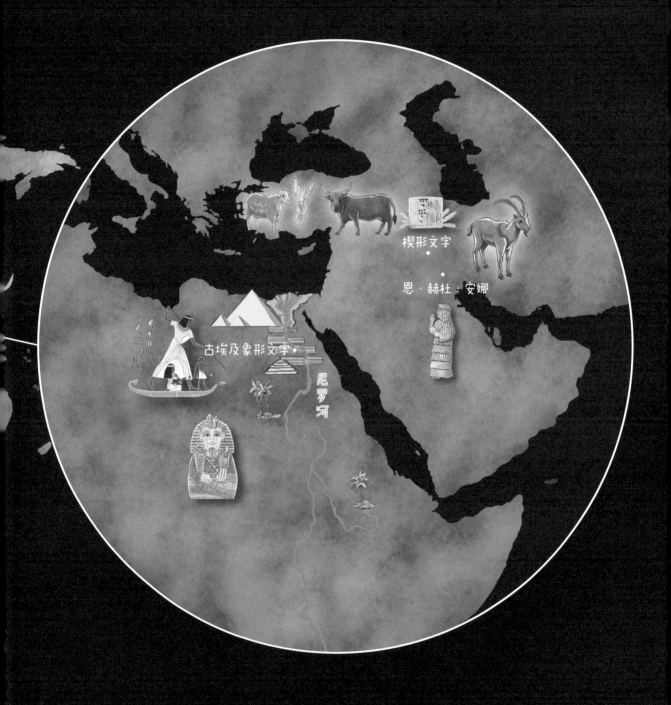

楔形文字

恩·赫杜·安娜

古埃及象形文字

尼罗河

致谢

一本书有多少"父母"？你也许会猜答案是一个——作者，又或者可能是两个——再加上插画师。但是事实上，创作一本书需要很多很多人的共同努力，不只是你在封面上看到的人。

在世界各地，有很多人为这本书付出过很多努力，做了很多我做不到甚至不知道如何去做的事情。没有他们的贡献，"势不可挡的人类"系列就不会诞生。

有一部分人负责确认我们所讲述事实的准确性，他们花费好几个月的时间阅读科学论文，涉及的领域从古代狗的驯化到古人对神的信仰。有一部分人需要仔细思考书中的每句话的确切含义：这真的是我们希望读者了解的历史吗？它有没有可能被错误地解读？还能不能写得更清晰一些？更不必提那些插图——本书中有一些图像经过了十几次的绘图和上色，才最终与书中讲述的故事完美契合。

因此，即使只是写一句话或画一幅插图，就可能需要大量的电子邮件、电话和会议来沟通，必须有人来协调所有这些事务工作。然后还有人负责签合同、付薪水，别忘了还要提供食物——人不吃饱饭是干不了活儿的，对吧？

我要感谢所有和我一起创作了这本书的人，没有他们，我绝对无法完成这本书。认可他们的贡献，就是一种公平。

里卡德·萨普拉纳·鲁伊斯绘制了所有漂亮的插图，它们让书中所讲述的人类历史鲜活了起来。

乔纳森·贝克自始至终陪伴这个项目，并帮助实现了它。

苏珊·斯塔克和塞巴斯蒂安·乌尔里克教我如何从年轻人的视角看待世界，如何把内容表述得更简单、更清晰、更深刻，最终的效果超出了我的预期。他们细致地反复阅读每一个字，确保我们的故事引人入胜、通俗易懂的同时，也能兼具科学性和准确性。

然后我要感谢我们的团队智慧之船的全体成员，是他们的创造力、专业精神和勤恳工作使这本书成为可能。他们是优秀的首席执行官娜玛·阿维塔与她领导下的成员：娜玛·沃滕伯格、阿里尔·雷蒂克、尼娜·齐维、贾森·帕里、汉娜·夏皮罗、谢伊·阿贝尔、丹尼尔·泰勒、迈克尔·祖尔、吉姆·克拉克、王子婵、科琳娜·德·拉克鲁瓦、多尔·希尔顿、陈光宇、纳达夫·诺依曼、特里斯坦·穆尔夫、加利特·卡齐尔、安娜·贡塔里和陈·亚伯拉罕。还要感谢 C.H.贝克出版集团的弗里德里克·弗莱森伯格的支持，感谢优秀的文字编辑阿德里亚娜·亨特和文化多样性顾问斯拉瓦·格林伯格，团队的每位成员都为这个项目做出了贡献。

我还要感谢我亲爱的母亲普妮娜，我的姐妹埃纳特和利亚特，以及我的外甥女和外甥托梅尔、诺加、马坦、罗米和乌里，感谢他们给予的爱与支持。感谢我已故的外祖母范妮，我会永远珍惜她的善良和她带来的快乐。她在我创作本系列图书的过程中永远离开了我们，享年100岁。

最后，也是最重要的，我想感谢我势不可挡的配偶伊茨克。多年来伊茨克一直想要创作这样一套书，并和我一起创立了智慧之船，使得这个系列和其他项目得以实现。自 21 世纪以来，伊茨克一直是我的灵感的源泉和挚爱的伴侣。

——尤瓦尔·赫拉利

献给我的兄弟哈维尔、豪尔赫和卡洛斯，我的父母伊莎贝尔和弗朗西斯科。

感谢我所有的智人同行，感谢他们的知识和友谊。

感谢智慧之船的专业团队，感谢他们在创作过程中提供帮助和指导。

当然，还要感谢尤瓦尔·赫拉利，感谢他对我的插图的信任，让我的插图能有幸与他的文字一起游遍半个世界。

——里卡德·萨普拉纳·鲁伊斯

后记

在《势不可挡的人类　我们如何掌控世界》中，我们追随着古人类的历程，从非洲稀树草原上不起眼儿的、害怕猎豹和鬣狗的猿类，逐步演化为地球上最强大的动物，甚至可以捕猎最大的熊和猛犸象。在本册中，我们探讨了人类是如何学会掌控诸如狗、鸡和牛等动物，以及一部分人如何掌控其他人的。为什么有些人能成为国王和王后，而另一些人却不得不打扫他们的宫殿、清洗他们的衣服？而国王和宫殿又为什么会出现呢？

人类历史浩如烟海，引人入胜。这就是为什么几千年来，人们都在试图了解我们从何而来。我们可以通过研究古代人留下来的遗物，如古代宫殿的废墟、破碎的陶器、死人的骨骼，甚至几千年前小学生的笔记本，来一窥古代人的生活。

本书中讲述的有些事件，是有充足证据的——包括古代的笔记本。还有些事件留下的证据非常少，科学家使用了一些有依据的科学猜测来填补空白。有很多事实我们仍不了解，还有很多问题科学家尚未达成一致。本书是基于当时最新的发现创作的，但是我们关于过去的知识会随着又一座宫殿遗址或又一具古人骸骨的发现而不断增长。

为了用简单有趣的方式呈现最新的科学发现，本书有时会使用虚拟的人物和虚拟的对话。显然，这些对话实际上从未发生过。但是他们讲述的事件确实真实发生过，而正是这些事件塑造了我们今天生活的世界。